추분

사계절취미백과 전서

풍년 이예요

장충 등 편저

김진해 역

료녕민족출판사
료녕소년아동출판사

Ⓒ 金镇海　2019

图书在版编目（CIP）数据

丰收了：朝鲜文 / 张冲等编著；金镇海译. —沈阳：辽
宁民族出版社，2019.10
（四季趣味百科全书）
ISBN 978-7-5497-2118-4

Ⅰ . ①丰…　Ⅱ . ①张…　②金…　Ⅲ . ①季节－儿童
读物－朝鲜语（中国少数民族语言）　Ⅳ.①P193-49

中国版本图书馆CIP数据核字（2019）第227943号

丰收了
FENGSHOU LE

出 版 发 行 者：辽宁民族出版社
地　　　　址：沈阳市和平区十一纬路25号　邮编：110003
印　刷　者：辽宁新华印务有限公司
幅 面 尺 寸：210mm×230mm
印　　　张：7.5
字　　　数：120千字
印　　　数：1－1000
出 版 时 间：2019年10月第1版
印 刷 时 间：2019年10月第1次印刷
责 任 编 辑：张学林
封 面 设 计：杜　江
责 任 校 对：边京爱

标 准 书 号：ISBN 978-7-5497-2118-4
定　　　价：29.80元

网址：www.lnmzcbs.com　　　　　　邮购热线：024-23284335
淘宝网店：http:// lnmz2013.taobao.com
如有印装质量问题，请与出版社联系调换　　联系电话：024-23284340

옛시 속의 가을

　봄을 지내고 여름을 보내고 나니 우리의 발걸음은 어느덧 가을을 향해 가고 있어요.

　가을, 일년의 사계절 가운데 세번째 계절.

　가을, 다채롭고 매혹적인 수확의 계절이예요. 가을은 봄보다 사랑스럽고 여름보다 정열적이며 활기차지요! 가을은 한수의 시이며 한폭의 그림이지요.

　예로부터 력대의 시인, 특히 당조와 송조 시인들은 수없이 많은 가을에 관한 시편들을 남겼어요. 고전시가의 백화원에서 아름다운 시흥을 단상하며 그 속 가을의 모습을 그려보자요!

　"예로부터 가을이면 서럽고 쓸쓸하다 했건만/ 나는 가을날이 봄날보다 좋다네./ 두루미 높은 하늘 구름 속 날아예니/ 걷잡을 수 없는 시흥이 벽공에 치솟네."(당·류우석 〈추사〉) 그렇죠, 예로부터 문인묵객들은 모두 가을의 소슬함과 처량함 공허함을 슬퍼했지요. 그러나 류우석만은 봄보다 가을을 더욱 사랑했어요. 가을의 하늘은 높고 맑으며 날씨는 시원하고 상쾌한데 두루미 한마리가 구름 속을 뚫고 날아예니 자기의 시흥도 더불어 하늘높이 치솟는다 했어요.

"어느새 초가을 밤은 점점 길어지고/ 선들바람 솔솔 쓸쓸함이 짙어가네./ 불볕더위 물러가고 초가집에 고요함이 감도는데/ 섬돌 아래 잔디밭에 이슬이 맺히네."(당·맹호연〈초추〉) 어느새 립추가 다가오니 밤이 점점 길어지고 가을의 선들바람이 불어오니 날씨가 시원해져요. 무더운 여름의 열기가 물러가니 초가에도 정적이 찾아들고 계단 아래 풀숲에 이슬이 맺힌다는 거예요.

"가을바람에 락엽이 흩날리면/ 오강의 농어가 한창 살질건데"(서진·장한〈사오강가〉) 가을바람이 일고 락엽이 흩날릴 때면 오강의 농어가 신선하고 살이 질 때라는 것이지요.

"물결이 반짝이는 가을 못에서/ 묘소년 쳐다보다 배 가는 줄 모르고/ 까닭없이 한줌련자 던져놓고는/ 누가 보았나 부끄러워 반나절 낯을 붉혔네."(당·황포송〈채련자〉) 가을빛이 력력한 아름다운 련못에 어느 한 처녀애가 배를 저으며 련자를 채집하고 있어요. 강가의 꽃미남을 쳐다보느라 배 가는 줄도 모르고 영문없이 련자를 한줌 쥐어서 소년을 향해 뿌렸어요. 갑자기 누가 훔쳐보기라도 한 듯 반나절 부끄러워했어요. 이 얼마나 아름다운 한폭의 강남 수향의 경치인가요!

"수레를 세우고 늦단풍 구경을 즐기니/ 서리 맞은 단풍잎이 2월의 꽃보다 붉구나!"(당·두목〈산행〉) 시인은 늦가을의 단풍을 즐겨서 가던 수레를 세워서 보니 서리를 맞은 단풍잎이 2월의 꽃보다 더 붉다 했어요.

가을의 경치는 오색찬란한데 거기에는 기묘한 절기와 변화무쌍한 천상 그리고 신기한 동물, 다채로운 식물, 신비로운 해양과 실용적인 건강지식이 깃들어있어요. 우리를 따라 가을의 이야기를 경청히고 가을익 수수께기를 풀어보자요.

차 례

풍년이예요

가을의 발걸음

　해마다 8월 7일이나 8일이 되면 달력에 '립추'라고 밝혀진 것을 볼 수 있는데 이것은 가을이 곧 다가옴을 뜻하고 있어요.

　사실 계절을 구분하는 가장 과학적인 표준은 실외의 온도예요. 날씨의 평균기온에 따라 계절을 구분하는 표준에 근거한다면 련속 5일간의 평균기온이 반드시 22℃ 이하여야 진정한 가을에 들어선 것으로 취급하지요.

　여름이 없이 겨울과 봄가을이 직접 이어지는 지구를 내놓고 우리 나라에는 립추날에 바로 가을철에 들어서는 지구는 거의 없어요. 가을이 가장 일찍 찾아온다는 흑룡강과 신강 북부지구도 8월중순에 이르러서야 가을철에 들어서지요. 이 때가 비로소 우리 나라 가을이 시작되는 시간이예요.

　우리 나라 령토의 남북거리가 약 5,500킬로메터이기에 가을의 발걸음이 남방까지 가려면 꽤나 오랜 시일이 걸리지 보통 수도 북경은 9월초부터 가을바람이 불기 시작하는데 장강, 회하 일대의 가을은 9월중순부터 시작이고 10월초면 가을바람이 절강성 려수, 강서성 남창, 호남성 형양 일선에 닿지요. 11월상중순이 되여서야 가을의 소식이 광동성 서남부의 뢰주반도에 전해지는데 가을의 발걸음이 '천아해각' 해남성 삼아시에 닿았을 때는 이미 원단 직전이지요.

립추전후 우리 나라 대부분 지구의 온도는 의연히 비교적 높고 각종 농작물들의 생장이 왕성하여 수분에 대한 요구가 절박하지요. 만약 이 때 가물이 든다면 농작물재배에 주는 손실은 막대하지요. 때문에 '립추에 비가 세번 오면 쭉정이도 알이 든다', '립추에 비가 내리면 온 누리에 황금이 깔린다'라는 설이 있지요.

오동나무잎이 흩날려요

'립추절'은 우리 나라에서 유구한 력사를 가지고 있어요.

일찍 3,000여년전의 주나라시기 립추날이 되면 천자(최고 통치자)는 친히 문무백관을 거느리고 교외에 나가 제단을 세우고 가을을 맞이했어요.

한나라에 이르러 이 날에는 제사에 쓰는 수레기발을 하얀색으로 바꾸고 사람들은 노래를 부르고 춤을 추면서 행사를 벌리는데 천자는 또 자기가 직접 사냥한 사냥감으로 제사를 지내며 군사들의 사기를 돋구어주지요.

송나라에 이르러서는 립추날에 오동나무를 심은 화분을 대전 안으로 옮겨가서 립추 정각이 되기를 기다렸다가 태사관이 "가을이 왔다!" 라고 웨치면 오동나무에서 오동잎이 떨어지는데 가을이 왔음을 알린다고 했어요.

근현대에 이르러 대부분 시골에서는 립추날의 낮 혹은 밤에 날씨의 차고 더움을 점치는 습속이 있으며 수박과 강낭콩 첫물을 맛보거나 조상에게

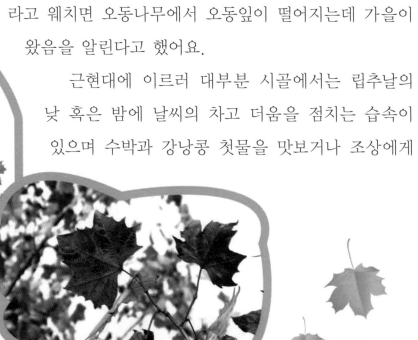

제사 지내는 풍습도 있어요.

운남성 심전현(尋甸县)의 립추절은 더욱 이색적인데 당지 이족동포들의 전통 명절의 하나예요. 이족동포들은 래년의 풍조우순과 오곡의 풍년 그리고 생활의 행복을 기원하기 위하여 립추날에 자발적인 집체경축활동을 조직하지요. 아주 오랜 옛날부터 이족동포들이 소를 아주 숭상하였다는 전설이 있어요. 립추절이 되면 만물이 풍작을 이루는데 오곡의 풍성을 가져다준 우신(牛神)에게 감사를 표시하기 위하여 이족동포들은 각자 마을에 가을걷이마당을 설치하여 투우시합을 벌렸다고 하네요. 어느 마을의 소가 우승을 하면 그 마을의 길함을 뜻하는데 이긴 마을사람들은 대단한 자호감을 가지지요.

견우직녀 칠석에 만나요

음력 7월 7일을 '칠석(七夕)'이라 하는데 전설의 견우와 직녀가 만나는 날이예요. 지금은 '중국의 애인절'로 불리우고 있어요.

견우랑은 어려서 부모를 여의고 형님 형수와 같이 생활하게 되였어요. 그러나 형님 형수는 자주 그를 구박하였어요. 어느 날, 견우랑이 기르던 늙은 소가 갑자기 입을 열고 말했어요. "너의 형수님이 분가를 하자고 하거들랑 다른 것은 제쳐놓고 이 늙은 황소만을 갖겠다고 하거라." 견우랑은 늙은 소의 분부 대로 황소만을 요구했어요. 견우랑은 늙은 소와 서로 의지하며 간고한 생활을 해나갔어요.

견우랑이 어엿한 젊은이로 장성하자 어느 날 늙은 황소가 "래일 황혼 녘 한 무리의 선녀들이 못에 내려와 목욕을 할 것이니 넌 그중 분홍색 치마를 숨겨놓거라. 그 치마를 찾으러 오는 선녀가 너의 안해로 될 사람이다." 라고 일러주었어요.

견우랑과 직녀가 결혼을 해서 일남일녀를 낳았어요. 뜻밖에 이 일을 서왕모가 알게 되었는데 화가 난 서왕모는 직녀더러 인차 하늘나라로 돌아오라고 명령했어요. 견우랑이 속수무책이여서 어쩔 바를 모르고 있는데 늙은 황소가 "빨리 내 가죽을 벗겨 몸에 걸치고 내 소뿔을 두드리면 직녀를 따라잡을 수 있니라."라고 말하는 것이였어요.

견우랑이 소가죽을 걸치고 두 아이를 멜대로 메고 하늘로 뒤쫓아갔어요. 바로 직녀를 따라잡으려는 순간 서왕모가 머리에서 옥비녀를 뽑아들고 아래로 향해 그었더니 깊고 무연한 은하가 나타나 직녀와 견우를 갈라놓았어요. 견우랑의 아들딸이 구슬프게 목놓아우는 것을 보고 옥황상제가 감동되여 해마다 7월 7일에 온 가족이 상봉할 수 있는 기회를 한번 주도록 하였어요. 그래서 해마다 칠석이 되면 수많은 까치들이 하늘로 날아올라 견우와 직녀 일가가 상봉할 수 있게 오작교를 놓아주어요.

추분이면 닭알이
재롱을 부려요

　　추분은 음력 24절기중의 16번째 절기인데 시간은 보통 해마다 9월 22일 혹은 23일이예요.

　　추분 시절, 우리 나라 대부분 지구의 일평균기온은 22℃인데 이미 가을철에 들어선 셈이예요. 남하하는 랭공기는 점차 쇠약해지는 온난습윤공기와 만나 강수가 많아지면서 기온도 점차 내려가게 되지요. 추분후 온도의 급하강은 농가의 추수(秋收), 추갱(秋耕), 추종(秋种) 등 '삼추'를 더욱 촉박하게 재우치지요. 그러니 농민아저씨들은 가을걷이를 서둘러야 올서리와 장마비를 피하고 제때에 겨울작물을 심어야 래년의 풍작을 이룰 수

있어요. 때문에 추분 때를 잘 맞추는 것은 농사를 함에 있어서 자못 중요하지요.

추분, 이 날에는 재미있는 습속도 꽤나 많지요. 례를 들면 추분이 오는 날이면 세계 각지 사람들은 '닭알세우기' 게임을 즐겨요. 방법은 간단하면서도 도전성이 강하지요. 매끄럽고 균일한 네댓날 된 닭알을 책상 우에 세우는 게임이지요. 비록 실패하는 사람이 많지만 성공한 사람도 적지 않아요. 추분에 '닭알세우기' 게임을 하기에 가장 적절한 시간이라 예로부터 '추분이면 닭알이 재롱 부린다'는 말이 있어요.

스승을 존경하고 교육을
중시하는 미덕을 갖추자요

　　해마다 9월 10일은 우리 나라 교사절이예요. 이 날이 되면 학생들은 모두 선생님들께 축하를 하는데 많은 지방에서는 선생님들께 상장을 발급하고 꽃다발을 달아주지요. 교사들의 사회에 대한 공훈을 표창하는 것은 스승을 존경하고 교육을 중시하는 사회기풍을 살리기 위해서이지요.

　　그렇다면 교사절은 어떻게 있게 되었을가요? 일찍 38년전 우리가 잘 알고 있는 엽성도(叶圣陶) 할아버지와 뢰결경(雷洁琼) 할머니를 비롯한 15명의 교육계인사들이 전국정치협상회의에 '스승을 존경하고 교육을 중시하는 기풍이 아직 바로 서지 못했고 교사구타사건이 아직까지 가끔 벌어지고 있다. 그리고 교육사업일군들이 지식을 전달하고 인성을 육성하는 직업사상이 아직 보편적이지 못하다'는 내용의 제안을 올렸어요. 진정으로 교사의 사회지위를 높이려면 새 중국의 건립과 함께 '교사절'을 설립하고 교사들로 하여금 숭고한 사회적 지위를 향유하고 사회적 존중을 받게 해야 한다고 하였어요. 그들의 제안이 중앙령도들과 유관 부문의 지지를 받게 되었어요.

　　몇년의 준비와 토론을 거쳐 1985년 1월, 국무원 총리가 전국인민대
표대회 상무위원회에서 교사절을 설립할 제안을 내놓자 전국인민대표대
회 상무위원회에서는 해마다 9월 10일을 교사절로 확정할 의안을 통과
시켰으며 1985년 9월 10일을 중국 첫번째 교사절로 정하였어요.

　　1994년, 유네스코에서는 매년 10월 5일을 '세계 스승의 날'로 정하였어요.

오성붉은기가 나붓겨요

10월 1일은 우리 나라 법적 휴가일 '국경절'이예요.

국경절을 국경일 혹은 국경기념일이라고도 하는데 한 나라가 나라의 독립과 해방을 기념하기 위한 주년 기념일을 가리키지요. 이 날이 되면 각 나라에서는 여러가지 경축활동을 벌리지요.

중국인민정치협상회의 제1기 전국위원회 제1차 회의에서 마서론(马叙伦) 위원이 로신의 부인 허광평(许广平) 위원에게 '중화인민공화국의 성립은 경축의 날이 있어야 하니 10월 1일을 국경절로 정하기를 희망한다'라는 제안을 위탁발언하게 하였어요. 회의에 참석하셨던 모주석이 "우리는 응당 이 제안을 정부에 제의하고 정부에서 결정키로 해야 한다"라고 했어요. 바로 이번 회의에서 마서론의 제의에 따라 '① 중화인민공화국 수도를 북경으로 정한다. ②기년은 기원을 채용한다. ③〈의용군진행곡〉

을 국가로 정한다. ④국기는 오성붉은기로 정하
고 중국혁명인민들의 대단결을 상징한다.' 등 제안
을 봉과시켰이요.

　1949년 10월 2일, 중앙인민정부는 〈국경절의 결의
에 관하여〉를 통과시켜 매년 10월 1일을 국경절로 규정하
고 1949년 10월 1일을 중화인민공화국성립을 선포한 날로 정
하였어요.

　1950년부터 매년의 10월 1일을 전국 여러 민족 인민들의 경축의
날로 지정하였어요. 이 날이면 많은 사람들이 천안문광장에 모여 국기게양식을
관람하고 인민영웅기념비를 향해 꽃다발을 선사하지요. 때론 성대한 열병식을 진행
하기도 하지요. 1949년부터 1959년까지 11차례의 국경 열병식을 진행했어요. 1960년
9월, 중공중앙과 국무원에서는 '엄격히 근검절약식으로 나라경축을 시행한다'는 방
침에 따라 경축제도를 혁신하였는데 '5년 만에 소축제, 10년 만에 대축제를 벌리되
대축제 때만 열병식을 진행'하기로 했어요.

작은 떡은 마치 달과 같은데 속에는 버터와 엿이 들어있어요

음력 8월 15일을 추석이라 하는데 우리 나라에서는 아주 오랜 력사를 가지고 있어요. 일찍 3,000여년전의 《주례》라는 책에 '중추'라는 단어가 처음 나타났어요.

그 때는 '봄철에 해님한테 제를 지내고 가을에는 달님한테 제를 지내는' 례의 제도가 있었어요. 8월 15일 달이 떠오르면 천자(임금)는 문무백관을 거느리고 달을 향해 무릎을 꿇고 절을 올리면서 자기의 경의를 표시하고 인간의 행복을 기원하였어요.

이런 습속이 민간으로 전해지면서 점차 일종 전통활동으로 형성되였어요. 당조에 이르러서는 사람들이 이런 달에 제사를 지내는 풍속에 더욱 집착하게 되면서 추석은 점차 고정된 명절로 자리잡게 되였어요. 명조에 이르러 추석은 이미 원단과 같은 명절로 중시되면서

중국의 중요한 명절의 하나로 되었어요.

　어느 해 추석날 밤, 당현종과 양귀비가 달을 구경하며 떡을 먹고 있었어요. 양귀비가 동그랗고 큼직한 '호떡'(胡饼)을 보고 찬탄을 금치 못했는데 당현종은 '호떡'이란 이름을 약간 꺼려했어요. 휘영청 밝은 달을 쳐다보던 양귀비가 자기도 모르게 "월병!"이란 말을 했는데 이 때로부터 '월병'이란 이름이 민간에서 류전되기 시작했어요.

　추석의 달이 둥근데다가 월병 또한 동그라니 추석에 월병을 먹는다는 것은 한가족의 단란한 모임을 상징하며 가족들의 상봉을 간절히 바라는 념원을 반영하기도 하였어요. 우리 나라 고대 걸출한 문학가 소식은 '작은 떡은 마치 달과 같은데 속에는 버터와 엿이 들어있구나. 묵묵히 그 맛을 보노라니 그리움에 손수건이 젖어드네.'라고 월병을 칭송했었어요.

　명조에 이르러 총명하고 재주가 뛰여난 떡장사들이 흔히 상아가 달나라로 날아가는 그림을 월병에 찍었는데 이로 하여 월병은 백성들이 더욱 좋아하는 추석음식으로 선호하게 되었어요.

경로 중양절

음력 9월 9일은 우리 나라 전통적인 중양절이예요.

《역경》에서는 '6'을 음수로 정하고 '9'를 양수로 정하였어요. 9월 9일은 날과 달이 모두 9를 만나 두 양수가 합쳐지는 '중양'의 날이라 이 날을 '중양일'이라 불렀어요. '구구'("九九")중양과 '구구'("久久")의 발음이 같은데다 구가 수자 가운데서 가장 큰 수이기에 오래 장수한다는 의미가 내포되여 있으며 사람들이 로인들의 만수무강을 기원하는 념원이 슴배여 있어요. 때문에 중양절에 함축된 깊은 뜻으로 하여 예로부터 사람들은 중양절에 특수한 감정을 부여하여 왔어요.

9월 9일을 정식으로 중양절로 정하기는 당조 때부터라 했어요. 왕발(王勃), 맹호연(孟浩然), 리백(李白), 왕유(王维), 두보(杜甫) 등 당나라 시인들은 모두 중양절에 관한 유명한 시작을 남기였어요.

송, 원, 명, 청에 이르러 해마다 9월 9일이면 궁정이나 민간에서는 모두 중양절을 경축하였으며 그 날에는 여러가지 활동을 벌이기도 했어요.

중양절의 습속에는 높은 곳에 올라 멀리보기, 국화구경, 산수유나무가지 꽂기, 중양떡 먹기, 국화술 마시기 등이 있는데 이로 인해 중양절을 '등고절'("登高节"), '산수유절'("茱萸节"), '국화절'("菊花节")이라고도 했어요.

1989년 우리 나라에서는 음력 9월 9일을 '로인절'로 정하였어요. 그후로 중양절은 로인을 존중하고 로인을 모시며 로인을 사랑하고 로인을 돕는 명절로 되였어요. 이 날이 오면 각지에서는 가을등산과 신체단련을 조직하는데 적지 않은 후배들은 웃어른들을 모시고 교외에 나가 산책을 하거나 푸짐한 음식상을 차려주기도 하지요.

동물은 인류의 벗이예요

꼬마친구들은 하마와 물고기의 이야기를 들어본 적이 있어요?

한무리의 하마와 한무리의 물고기들이 한 강물에서 어울려 산 지 오래되였어요. 어느 날, 하마들이 이사를 가게 되였는데 물고기들이 그들의 꼬리를 물고 극구 만류하였어요. 하마들이 궁금해서 물었어요. "우리가 여기에 있으면 너희들의 공간을 차지할 뿐만 아니라 수초까지 몽땅 뜯어먹게 되는데 이사가면 너희들한테는 도움이 되지 않냐?" "아니 아니야, 너희들은 우리들의 량식창고거든. 너희들이 강가에서 풀을 뜯어먹고 강에다 배설을 하면 우리한테는 진수성찬이 차려져!" 하며 고기들이 대답하였어요.

속담에 이르기를 '큰 고기가 작은 고기를 잡아먹고 작은 고기는 새우를 잡아먹으며 새우는 진흙을 먹는다'고 했어요. 우리의 세상은 사람과 동물 사이, 동물과 동

물 사이, 동물과 식물 사이에 밀접
한 련계를 가지며 어느 한 고리가 모자라
도 생태계의 혼란을 초래하게 되지요. 추측에 따르면
인류가 기록한 물종이 약 170여만종이였는데 현재 만여개 물종이
멸종의 위기에 처해있다고 했어요. 여기에는 하마, 성성이, 매새, 북극
곰, 상어, 산호, 돌고래 등 사람들이 익숙한 물종도 포괄되여 있어요.

　　사람들의 주의를 환기시키고 우리 인류의 생존환경을 보호하기 위해
1931년 생태학자들은 해마다 10월 4일을 '세계 동물의 날'로 정할 것을 창의하였어요.
이 날에는 동물을 보호하고 동물을 존중할 것을 널리 선전하지요.
　　'세계 동물의 날'을 10월 4일로 정한 데는 그럴 만한 이야
기가 깃들어있어요.

일찍 800여년전, 이딸리아에 프
란시스란 사람이 수림을 자주 다니며
많은 새들을 알게 되면서 그들과 벗으
로 사귀게 되었어요. 그는 새들에게 둥지
를 틀어주고 먹이도 갖다주었으며 새들은 그를 위
해 노래 부르고 춤을 추었고 벌레를 잡아주었어
요. 그렇게 그는 새들과 깊은 우정을 쌓게 되었어
요. 어느 한해의 10월 4일, 그는
마을사람들을 불러다 "인류
에 사랑을 베푼 동물들에게
감사를 표시하자!"고 호소
하였는데 모두 적극적으로
호응해나섰어요. 프란시스
의 이 창의를 기념하기 위하
여 사람들은 10월 4일을 '세계
동물의 날'로 정하기로 하였어요.
우리 나라는 1997년부터 '세계 동
물의 날'을 기념하였는데 몇십명이 참

가하던데로부터 몇천명의 규모로 늘
어났으며 범위도 북경에서 상해, 광주, 성
도 등 도시로 전국적으로 발전해갔어요. '세계 동물의 날'은 인류와
동물이 공동으로 즐기는 날이예요.

　　지금 많은 로인들이 애완용으로 새를 기르고 있어요. 아침에 새
장을 들고 집을 나가 광장에다 나란히 걸어놓고 새들의 지저귀는 소리를 들으며 팔
다리움직임도 하고 태극권을 치면서 아침을 보내노라면 즐겁기 그지없지요. 애완견은
사람과 통하는 데가 있는데다 령리하고 주인의 마음을 잘 헤아려서 많은 젊은이들의
사랑을 받고 있어요. 강아지를 기른다는 것은 우선 강아지에 대한 사랑에서 비롯되
기에 까근한 보살핌이 필요되지요. 음식, 건강, 목욕, 산책 하나도 빠져서는 안되지
요. 이런 것들을 꼬마친구들은 눈으로 보고 마음속으로 기억해두었다가 나중에 책임
지는 태도로 애완동물을 키워야 하지요.

식량은 국민 생활의 근본이예요

속담에 이르기를 '식량은 국민 생활의 근본이다' 라고 했어요. 뜻인즉 사람들의 밥먹는 문제가 세상에서 가장 근본적인 문제라는 것이예요.

비록 우리는 지금 아주 풍요로운 생활을 누리고 있지만 이 세상 이떤 곳에는 아직도 매일 굶어죽는 일이 발생하고 있어요. 자연재해나 가혹한 전쟁을 비롯한 여러 문제들로 전 지구적으로 량식수요를 만족시키지 못하고 있어요.

전 세계적인 문제를 연구하고 조력하는 전문조직인 유엔대회가 있어요. 전 세계적인 량식문제에 관하여 제20차 유엔량농조직대회에서는 1981년 10월 16일을 첫 '세계량식일'로 정하여 각 나라 정부에서 농업에 중시를 돌려 량식의 풍작을 확보하고 백성들의 기본생활수요를 보장할 수 있도록 주의를 환기시켜 주었어요.

그렇다면 량식은 무엇일가요? 량식은 바로 여러 가지 식물의 종자를 가리키는데 밀류, 벼류, 잡곡 등 3가지 류로 나누지요. 잡곡에는 콩, 녹두, 카사바, 고구마, 감자 등이 포함되지요.

　　우리 나라는 14억 인구를 가진 대국으로서 량식문제는 줄곧 우리 나라의 가장 중요한 문제로 나서고 있어요. 우리 나라 국장에도 두줌의 벼이삭이 둘러있는데 우리 나라의 지주를 상징하지요. '량식안전'은 줄곧 우리 나라의 가장 큰 안전문제예요. 때문에 전국 인민들은 모두 량식생산에 주목해야 하지요.

　　우리 꼬마친구들한테 있어서 가장 중요한 것은 '량식을 아끼고 량식을 절약할 줄 알아야 한다는 것이예요'. 그릇의 량식은 알알이 모두 농민들의 신근한 로동으로 바꿔온 것이예요. 함부로 랑비하지 말고 세상에 아직 많은 사람들이 기아에 허덕이고 있다는 것을 마음에 항상 기억해두어야 하지요.

황금빛 가을

가을은 과일이 성숙하는 계절이예요. 저멀리 일망무제한 논밭에 알알이 여문 황금이삭이 무겁게 고개를 숙였어요. 가을은 백화가 만발하는 계절이기도 하지요. 내가, 들판, 화원의 국화꽃은 꽃망울을 터치우며 금빛 미소를 짓네요. 가을은 또 나무들이 옷을 갈아입는 계절이지요. 노랗게 물들은 나무잎은 가을바람에 간들거리는가 하면 우수수 흩날려 온 대지에 황금주단을 펼쳐놓지요.

사람들이 숭상하는 금황색은 진귀함과 부귀를 상징하지요. 존귀함을 나타내기 위하여 고대 임금들은 황궁을 금빛으로 찬란하게 장식하였어요. 노란색 금속을 황금이라 일컬었으며 모든 상품을 교환할 수 있을 정도로 귀중하게 여겼어요.

사실 금황색의 가을은 수확을 대표하기에 황금보다 더 진귀하지요. '봄에 조 한알 심으면 가을에 만알을 거둔다'고 사람들은 모든 희망을 황금가을에 두었어요. 가을이야말로 뭇사람들의 갈채를 받을 만한 계절이예요.

　　회화반에 다녔었더라면 필연 '황금빛가을'이라는 세계명화를 모사해보았을 거예요. 그것은 로씨야 화가 레위단의 작품인데 화폭의 왼쪽은 대부분 금황색의 수림이 거반을 차지하고 먼 뒤쪽에 더북더북 금황색이 돋보이는데 마치 무르익은 농작물같기도 하고 금황색으로 뒤덮인 대지 같기도 하지요. 화면의 오른쪽으로는 맑은 내물이 멀리 흘러가고 있어요.… 이 그림을 볼 때마다 마음이 확 트이고 유쾌한 기분을 느끼게 하는데 눈앞에 천고마비 가을의 경치를 펼쳐보는 듯하지요. 정말 세계명화로 불리우기에 손색이 없지요.

'가을호랑이'

가을호랑이의 사나운 기세를 떠올리기만 하면 손에 땀을 쥐게 되지요. '가을호랑이'는 진정한 호랑이가 아니라 일종 날씨 현상을 가리키지요.

인체의 체온은 37℃ 좌우이예요. 때문에 일단 실외 기온이 35℃거나 이 온도를 초과할 경우 사람들은 숨이 막히는 감을 느끼는데 이런 기온의 날씨를 고온날씨라 하지요.

도리 대로라면 립추후의 날씨는 점점 선선해져야 하는데 어떤 때는 그렇지도 않지요. 2013년 립추후 전국에 1/10이나 되는 지구에 련속 고온날씨가 이어졌는데 37℃가 보통이었고 해변의 최고온도마저 40.8℃에 달하여 141년 유지하던 동기 고온기록을 타파하기까지 하였어요. 날씨가 더우면 호랑이가 사람을 잡아먹을 듯 살벌하지요. 때문에 이런 날씨를 '가을호랑이'라고 하지요.

민간에 '아침의 립추는 싸늘하고 오후의 립추에는 소가 더워 죽는다.' 는 설법이 있어요. 뜻인즉 립추시간이 오전이면 서늘하지만 립추시간이 오후일 때는 그래도 무덥다는 것이예요. 우리 나라의 지역이 광대하여 '가을호랑이'의 기세도 각기 달라요. 남방의 '가을호랑이'는 장강류역보다 2~4개 절기 늦게 찾아오지요. 그 밖에 해마다 '가을호랑이'가 출몰하는 시간도 반달에서 두달 정도 길고 짧음이 다르지요. 때론 '가을호랑이'가 왔다가 가고 갔다가 다시 올 때도 있어요.

'가을호랑이'는 결코 두렵지 않은데 더위를 조심히 막고 온도를 제때에 내리면 되지요. 그리고 영양섭취를 증가하고 과일과 야채를 많이 먹도록 해야 하지요.

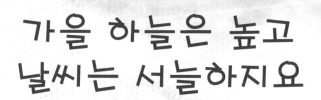

가을 하늘은 높고
날씨는 서늘하지요

가을에 들어서면 사람들은 늘 '하늘이 높고 날씨가 서늘하다'고 하지요. '하늘은 높고 구름은 엷은데 기러기는 하늘가로 아득히 멀어가네…' 짙푸른 하늘엔 구름 한점 없어요. 연은 가을바람을 타고 공중으로 날아올라 창공을 날아예지요. 무더운 여름을 보내고 서늘한 가을바람이 불어오니 정신이 맑고 기분이 상쾌하지요.

하늘이 높고 서늘한 날씨는 어떻게 왔을가요?

하늘이 높고 서늘한 날씨는 찬공기가 가을에게 준 선물이예요. 북방의 시베리아 지구와 몽골의 찬공기는 자기 몸의 수증기를 눈송이로 만들어 대지에 뿌려놓고는 가볍게 상공을 감돌지요.

립추후 남방의 더운 고기압은 태양의 지휘에 따라 남방으로 전이하기 시작하지요. 북방의 찬 고기압은 좋은 기회라 싶어 찬공기를 남방으로 불어가지요. 그들

의 도움으로 중국 동북, 화북, 서북지구는 우기를 결속짓고 일년 가운데 가장 아름
다운 날씨—하늘은 높고 서늘한 가을이 시작되지요. 찬공기는 부단히 남쪽으로 장강
중하류 지구까지 밀고 가지요.

　　찬공기는 차갑고 건조하여 구름을 생성할 수 없어요. 그리고 낮에는 벽공만리인
데다 저녁에는 구름층마저 덮이지 않아 지면의 열량이 자유로 발산하게 되지요. 게다
가 가을에 들어서서 낮이 짧고 밤이 길어 지면에서 발산하는 열량이 많기 때문에 지
면의 온도가 점차 내려가게 되지요.

　　하늘은 높고 서늘한 날씨는 이렇게 형성된 것이예요.

가을비가 올 적마다 추워져요

우리 나라 민간에 '가을비 한번 지나면 추위가 더해진다'란 속담이 있는데 왜 이렇게 말할가요?

가을철에 들어서면 태양직사광선이 점차 남쪽으로 이행하면서 북반구의 빛과 열이 나날이 감소되는데 북방의 찬공기가 이 기회를 빌어 시베리아와 몽골에서 출발하여 남하하면서 우리 나라 대부분 지구로 진입하게 되지요.

이 때 만약 남방의 습윤한 공기가 아직 여력이 있어 순순히 물러나지 않는다면 찬공기와 완강하게 맞붙게 되지요.

따뜻한 공기중에는 대량의 수증기가 있다는 것을 거울에 대고 입김을 불어보면 인차 그것을 확인할 수 있어요. 공기중의 수증기가 찬공기를 만나면 물방울로 응집되고 응집된 물방울이 더 차가운 공기를 만나면 얼음결정으로 되지요. 따뜻한 공기와 찬공기가 뒤엉키면서 작은 물방울과 얼음결정이 점점 많아지고 구름층이

두터워지는데 하얀 구름이 점차 먹장구름으로 변하게 되지요. 공기가 더이상 구름의 무게를 감당하지 못하면 물방울이 떨어지면서 비를 형성하게 되지요.

이 쯤이면 태양은 더이상 따뜻하고 습윤한 공기를 도와줄 힘이 없게 되는데 그러다나면 찬공기가 항상 우세를 차지하게 되지요. 매번 찬공기가 남하할 때마다 비를 가져다주기 때문에 지면의 온도도 점점 내려가게 되지요.

때문에 농업에 관한 속담에 '가을비 한번이면 추위가 더해지고 가을비 열번 지나면 솜옷을 입는다' 는 말이 있어요. 겨울철이 곧 닥쳐오니 병에 걸리지 않도록 따뜻하게 챙겨입으라는 뜻이지요.

날아온 이슬

　　어두운 장막이 드리우기 시작하면 풀잎, 꽃송이, 벼모에 방울방울 이슬이 나타나기 시작하지요. 깨알 같은 이슬이 요리저리 굴러다니며 콩알 만하게 커지지요.

　　이른새벽, 벼모가 이슬을 보더니 비가 온 줄 알고 기뻐서 인사를 했어요. "비방울아, 안녕!"

　　"난 비방울이 아니라 이슬이거든." 하며 이슬이 고개를 저었어요.

　　"이슬아, 넌 하늘에서 내려왔냐?"

　　작은 이슬이 손을 흔들며 "아니야, 낮에까지만 해도 네 곁에서 놀고 있었거든. 너의 허리를 주무르고 뒤등도 긁어주었었는데."

　　"무엇이라? 난 왜 보지 못했지?" 작은 벼모는 놀라서 입을 딱 벌렸어요.

　"그 때는 날씨가 따뜻해서 난 수증기였었지!" 작은 이슬은 아주 신비하게 말했이요. "깊은 밤 기온이 내려가면 너의 차거운 몸에 붙어 눈으로 볼 수 있는 작은 이슬로 변하는 거야."

　작은 벼모가 혀를 홀짝 내밀어 이슬을 핥아마셨어요. 야— 달콤하고 시원했어요. 작은 벼모는 눈을 살짝 감고 그 맛을 음미하였어요.

　갑자기 따뜻한 해살이 구름 사이로 쏟아졌어요.

　"잘 있어, 벼모야!"

　작은 벼모가 그 소리에 인차 눈을 떠보니 작은 이슬은 보이지 않았어요.

　"이슬아—" 작은 벼모가 애타게 불렀어요.

　"난 여기에 있어!" 어디선가 들려오는 소리였어요.

　작은 벼모가 아무리 주위를 둘러보아도 이슬을 찾을 수가 없었어요. 사실은 작은 이슬이 해빛을 받아 다시 수증기로 변하였던 것이었어요.

하늘의 구름 , 대지의 안개

　　꼬마친구들은 등산을 해보았어요? 등산을 하면서 아래와 같은 신기한 광경에 부딪친 적이 있는가요? 산기슭에서 분명 산중턱에 걸린 구름을 보았는데 산중턱에 이르러 보면 구름이 아니라 자오록한 안개인 것말이예요. 산정으로 계속 오르면 안개는 보이지 않고 발밑에 다시 구름이 나타나지요. 사실 산중턱에 걸린 자오록한 안개가 바로 산기슭에서 보았던 그 구름이예요.

　　사실 구름과 안개는 두 형제라 말할 수 있는데 공중에 떠있는 것이 구름이고 지면 우에 낀 것이 안개이지요. 그들의 어머니는 모두 수증기예요.

　　그렇다면 지면 우의 안개는 어떻게 생성된 것일가요?

　　낮의 온도가 비교적 높기 때문에 공기중에 수증기를 많이 용납할 수 있어요. 그러나 밤이 되면 온도가 내려가면서 공기중에 수증기를 용납하는 능력이 감소되지요. 때문에 일부 수증기들은 많은 물방울로 응집되지요. 특히 가을과 겨울이 되면 밤이 길어질 뿐만 아니라 구름이 없고 바람이 작은 날이 많아지면서 지면의 열량이 여름보

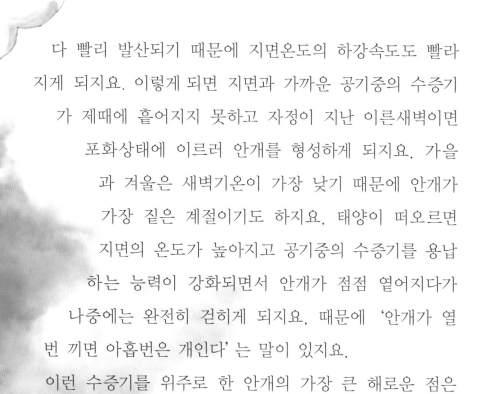

다 빨리 발산되기 때문에 지면온도의 하강속도도 빨라지게 되지요. 이렇게 되면 지면과 가까운 공기중의 수증기가 제때에 흩어지지 못하고 자정이 지난 이른새벽이면 포화상태에 이르러 안개를 형성하게 되지요. 가을과 겨울은 새벽기온이 가장 낮기 때문에 안개가 가장 짙은 계절이기도 하지요. 태양이 떠오르면 지면의 온도가 높아지고 공기중의 수증기를 용납하는 능력이 강화되면서 안개가 점점 옅어지다가 나중에는 완전히 걷히게 되지요. 때문에 '안개가 열 번 끼면 아홉번은 개인다' 는 말이 있지요.

이런 수증기를 위주로 한 안개의 가장 큰 해로운 점은 사람들의 시선에 영향주기 때문에 우리는 걷거나 운전할 때 꼭 안전에 주의해야 해요.

서리는 작은
얼음결정이예요

이른새벽, 새끼까치는 눈을 뜨자마자 지붕에 낀 한층의 서리를 발견하였어요. 새끼까치는 얼어드는 몸뚱이를 부르르 떨고 나서 말했어요. "왜 이렇게 추운가 했더니 밤에 서리가 내렸구나."

마주하여 날아오는 참새가 호기심에 차서 물었어요. "까치오빠, 서리는 정말 하늘에서 내린 건가요?"

"당연하지!" 새끼까치가 자신있게 말했어요. "비와 눈도 하늘에서 내렸거늘 서리도 당연히 례외가 아니지."

참새가 머리를 긁적이면서 말했어요. "응? 아닌데… 아까 부엉이할아버지가 지난밤 밤하늘에 뭇별이 총총하였다고 하던데 서리가 내릴 수 있나?"

"그럼…" 새끼까치는 말문이 막혔어요. 그는 서리가 어디서 왔는지 직접 밝히기로 다짐했어요.

이튿날 저녁, 새끼까치는 지붕에 앉아 두 눈을 크게 뜨고 밤하늘을 뚫어지게 올려다보았어요.

부엉이 한마리가 날아와 진지한 새끼까치의 표정을 보고 롱을 걸었어요. "너의 임무는 낮에 벌레를 잡는 게 아니냐? 왜 밤까지 설치며 내 할 일을 빼앗냐?" 새끼까치는 머리를 살레살레 저을 뿐 대답하지 않았어요.

밤이 깊어지자 새끼까치는 찬바람 속에서 오돌오돌 떨었는데 발에 감각도 잃어버렸어요. 몸을 녹이려 발을 굴리는데 발밑이 미끄러지면서 하마트면 넘어질 번하였이요. 머리를 숙여보니 기와 우에 한층의 서리가 끼여있었어요.

"참 이상하지, 하늘에서 서리가 내리는 것을 보지도 못했는데…"새끼까치는 자기말로 중얼거렸어요.

지나던 부엉이가 그 말을 듣고 "서리는 하늘에서 내린 것이 아니라 공기중의 수증기가 0℃ 이하인 물체를 만나 응결된 얼음결정이란다."라고 알려주었어요. 그제서야 새끼까치는 모든 것을 알게 되었어요.

추석이면 달이 각별히 밝아요

'평상 앞에 밝은 달빛이 비추고 땅 우에 서리가 내렸나 싶네. 머리를 들어 밝은 달을 바라보다 고향 생각에 고개를 숙이네.' 추석의 밤 저기 저 크고 밝은 달을 쳐다보노라면 '추석달이 각별히 밝다'는 느낌이 들지요.

사실 추석날 밤의 달이 일년 가운데 가장 밝은 것은 아니예요.

음력 초하루면 달이 지구와 태양 사이에 이르게 되지요. 태양이 비추는 달의 반구가 지구와 등지고 있어 우리는 달을 보지 못하거나 쪼각모양을 볼 수 있는데 이 때의 달을 '신월'("新月"-초승달)이라고 하지요. 음력 15일이나 16일이면 달의 밝은 면이 완전히 지구를 향할 때 우리는 둥근달을 관찰할 수 있는데 이 때의 달을 '만월'("满月")이라고 하지요.

달이 지구를 둘러싸고 운행하는 궤적이 타원형이기에 달과 지구는 서로 멀어지기도 하고 가까와지기도 하지요. 가장 가까울 때는 36만여킬로메터이고 가장 멀리 있을 때는 40여만킬로메터이지요. 서로 가까와졌을 때의 운행속도가 빠르고 멀리 있을 때의 운행속도가 느리지요. 달이 초승달에서 만월에 이르기까지의 시간이 평균 14일 18시간 22분이예요. 때문에 만월이 빨라서 음력 14일 저녁일 수 있고 늦어서는 음력 17일 아침일 수도 있는데 음력 16일일 때가 가장 많지요.

추측에 따르면 2001년부터 2100년의 100년 사이 추석에 만월인 경우가 40차례로서 40% 차지하고 보름명절에 만월인 경우가 38차례로서 38% 차지하는데 모두 절반 확률을 초과하지 못하지요. 그러나 2011년, 2012년과 2013년 련속 3년 동안은 추석달이 모두 음력 15일에 가장 둥그렀어요.

천구가 달을 먹어요

　가을밤, 할아버지토끼가 새끼토끼들을 모아놓고 달구경을 하면서 한창 이야기를 해주고 있었어요.

　"옛날 하늘에 천구(天狗) 한마리가 살고 있었는데 달을 삼켰다 뱉어내기를 좋아했어…"

　갑자기 멀리서 먹장구름이 몰려오더니 달을 가리워버렸어요. 그러자 하얀 꼬마토끼가 다급히 소리질렀어요. "천구가 달을 삼켰어! 천구가 달을 삼켰어!"

　할아버지토끼가 보고 웃으며 말했어요. "그건 천구가 아니란다. 그냥 떠다니는 구름이니라."

　그러다가 얼마 지나지 않아 둥근달의 한 귀퉁이가 이지러졌는데 마치 삽으로 뭉청 파낸 것 같았어요. 할아버지토끼가 소리질렀어요. "천구가 정말 달을 삼키고 있구나! 빨리 꽹과리를 들고 와!"

　꼬마토끼들이 몹시 놀라서 물었어요. "꽹과리를 해선 무얼합니까?"

　"꽹과리를 쳐서 천구를 놀리워야지! 천구가 꽹과리소리를 들으면 삼켰던 달을 뱉어낸단다." 할아버지토끼는 인차 꽹과리를 받아쥐고 요란스럽게 두드려대기 시작했어요.

그러나 천구는 꽹과리소리에 아랑곳없이 달을 완전히 삼켜버린 후에야 천천히 뱉어내기 시작했어요.

할아버지토끼가 안도의 숨을 몰아쉬고 나서 꼬마토끼들에게 "내 이야기를 너희들이 직접 눈으로 보았지! 이후에 누가 말을 듣지 않으면 내가 하늘의 천구를 불러다 먹어치우게 할 거야!" 하고 으름장을 놓았어요.

이 때 한 꼬마토끼가 선생님의 강의가 생각나서 큰 소리로 말했어요. "하늘엔 천구가 없어요! 아까는 개기월식이거든요. 지구의 그림자가 달을 가렸을 뿐이에요!"

"내가 얘기한 건 우리 조상들이 전해온 이야기고 너희들이 지금 얘기하는 것은 과학자들이 말한 것이니 당연히 다르지!" 할아버지토끼가 수염을 쓰다듬으며 아주 멋쩍어서 말했어요.

태양보다도 엄청 큰 직녀성

가을밤의 하늘은 맑고 투명하여 별구경하기에 알맞춤한 계절이예요.

온 밤하늘을 뒤덮은 뭇별들을 자유롭게 련결해보면 어떤 것은 사자로 보이고 어떤 것은 곰으로도 보이며 어떤 것은 늑대로도 보이지요. …

하늘의 별들은 많은 것을 련상케 하지요. 저기 저 하얀 무리들을 봐요, 한줄기의 은하같지 않은가요? 은하의 서쪽에 각별히 밝은 별이 하나 있는데 직녀성이라 하지요. 초가을 밤 9시 좌우면 우리의 머리 상공 위치에서 찾아볼 수 있는데 가을이 깊어가면 갈수록 우리 머리 우를 지나가는 속도가 빠르지요.

직녀성을 말하면 견우성이 떠오를 것이예요. 견우성은 은하의 동쪽에 있어요. 만약 그 곁에 있는 두 별을 련결시켜 보면 마치 멜대로 두 광

수리를 베고 있는 듯히지요. 가을밤, 직녀성
과 어울리는 별자리는 견우성 밖에 없어요.
빛은 약간 노란색을 띠는데 비록 직녀성처럼
밝지는 못해도 기타 별보다는 훨씬 밝아요.

　　직녀성과 견우성은 비록 두 눈동자 만하
게 반짝이는 것 같지만 기실 그들은 태양보다
도 훨씬 크지요. 직녀성은 21개의 태양 만하
고 견우성은 2개의 태양 만하지요. 그런데 왜
우리 눈에는 그렇게 작게 보일가요? 그것은 우
리와 너무나 멀리 떨어져 있기 때문이지요. 우리
가 손전등을 켰을 때 그 빛이 26년을 걸려야 직녀
성에 닿을 수 있고 16년을 걸려야 견우성에 도착할
수 있다고 해요.

곤충연주가

립추가 되면 집뜰 안팎의 담장 밑이나 교외의 논두렁에서 심심찮게 곤충들의 노래소리를 들을 수 있어요.

"찌르륵— 찌르륵—" 느리지도 않고 급하지도 않고 마치 누구를 부르듯이 말이예요.

"까륵— 까륵—" 맑고 깨끗한 울음소리는 마치 개선가처럼 들려오지요.

"촐랑— 촐랑—" 은은하고 부드러운 소리는 또한 누구와 귀속말을 나누는 듯하지요.

그 소리를 따라 조용히 기와장을 뒤지거나 땅거죽을 벗기거나 풀가지로 담틈을 쑤시면 꼭 팔자꼬리를 가진 수귀뚜

라미를 볼 수 있는데 그 놈이 바로 이름난 곤충연주가예요.

　큰 도시의 화조시장에 가면 그 놈들을 아주 쉽게 찾아볼 수 있어요. 한쌍을 사다 가지고 놀면 더욱 재미가 있어요. 그 놈들을 하나의 그릇에 담아놓고 수염이 달린 풀로 수귀뚜라미의 주둥이를 건드려 놓으면 인차 가위 같은 앞이를 벌리고 "까륵— 까륵—" 웃음을 터뜨려요. 하지만 그 놈의 꼬리를 건드려 놓으면 아주 시끄럽다는 듯 인차 뒤발치기를 하지요. 그릇 뚜껑을 닫고 한참 있어보면 "촐랑— 촐랑—"하는 소리가 들리는데 그것은 수귀뚜라미가 암귀뚜라미에게 즐거운 이야기를 해주고 있는 중이래요.

　수귀뚜라미는 목에 성대가 없어요. 그렇다면 무엇으로 '음악'을 연주할가요? 그 놈들은 자기의 두 날개를 통해 소리를 내지요.

　수귀뚜라미의 날개 밑에는 특수한 장치가 있어요. 오른쪽 날개에 줄칼 같은 톱이가 나있고 왼쪽 날개에는 칼날 같은 가시가 나있어요. 좌우 두 날개를 서로 마찰하며 비비는데 마치 비파를 타는 섯처럼 귀맛좋은 소리기 나지요. 당연히 안귀뚜라미는 이런 악기가 없기 때문에 울음소리를 내지 못하지요.

귀뚜라미는 연주가일 뿐만 아니라 싸우기 좋아하는 용사이기도 하지요. 두 귀뚜라미가 만나면 꼭 한판 붙고야 말지요. 귀뚜라미에 관하여 아주 많은 옛이야기가 있지만 그중 《제공이 귀뚜라미싸움을 하다》가 가장 유명하지요.

800여년전, 제공이라는 스님이 있었는데 불평스런 일에 나서기를 좋아했어요. 한번은 백성들을 업신여기는 귀공자를 혼내주기 위해 길가에서 아무렇게나 귀뚜라미를 한마리 잡아다 라씨 공자보고 그 귀뚜라미가 천하무적이라 허풍을 떨었어요.

라공자는 천하무적이란 말을 듣고 날듯이 기뻐서 인차 하인을 시켜 '철두'(铁头), '은창'(银枪), '금원수'(金元帅)를 가져오게 하여 제공의 귀뚜라미와 한판 붙어보기로 했어요.

새끼귀뚜라미는 그 놈들을 그릇 밖으로 밀어내지 않으면 그 놈들의 다리를 뭉청 끊어놓았어요. 라공자는 그 새끼귀

뚜라미가 탐나 500은냥을 주고 사버렸어요.

　　라공자는 그 신기한 새끼귀뚜라미를 얻고 나서 득의하기 그지
없었어요. 한번은 귀뚜라미가 그릇 밖으로 뛰쳐나왔는데 급해난
라공자는 그 놈을 잡으려고 무진 애를 썼어요. 뜻밖에도 그 놈
의 귀뚜라미가 땅속으로 기여들어가버렸어요. 라공자가 하인들
을 시켜 바닥재를 몽땅 들추어보았지만 귀뚜라미는 보이지 않고
난데없이 담벽 밑에서 다시 소리가 났어요. 그러자 라공자는 다
시 하인더러 담장을 밀어버리라고 했어요. 이렇게 귀뚜라미소리
를 쫓아 들추다가 나중에는 온 집을 다 뜯게 되었어요. 나중에 온갖
나쁜 짓을 일삼던 라공자는 집 밑에 깔려 끝내 죄값을 치르게 되었어요.

가짜 음악가

초가을의 밤이 되면 땅속에서 "구구구"하는 소리를 들을 수 있어요. 어떤 사람은 그것은 지렁이가 내는 소리라고 하지요. 그렇다면 과연 지렁이는 소리를 낼 수 있을가요? 사실 지렁이는 발성기관이 없어요. 설사 몸에 난 강모가 흙과 마찰을 한다해도 "구구구"하는 소리는 낼 수 없어요.

그렇다면 일부 사람은 왜 지렁이가 내는 소리라고 알고 있을가요? 고대 의학자 리시진은 《본초강목》에서 지렁이를 이렇게 묘사하였어요. '늦은 여름에 나오기 시작하고 동지달엔 숨어 있다 비가 오면 밖을 나오고 개인날 밤에 운다…' 이 밖에 대만가요 〈추풍야우〉의 가사에도 '비바람소리 추야의 고요함을 깨뜨리고 지렁이 슬픈 울음소리 간간이 들려오네…'라고 했어요. 혹시 이런 잘못된 표현 때문에 일부 사람들이 지렁이가 노래를 한다고 오인했을 거예요.

그럼 "구구구"하는 소리는 도대체 누가

낸 소리일가요? 바로 땅강아지(螻蛄)예요.

땅강아지와 지렁이는 이웃처럼 자주 같은 환경에서 생활하지요. 땅강아지는 메뚜기목 땅강아지과 곤충인데 귀뚜라미와 먼 친척이고 몸길이가 3센치메터이며 옅은 갈색을 띠고 온몸에 부드러운 잔털이 덮여있으며 앞발은 두더지 앞발을 닮았는데 땅굴을 파는데 유리하게 발달되었어요. 땅강아지는 민첩한 한쌍의 앞발을 가졌는데 땅굴을 파고 혈거생활을 하지요.

우리는 가을밤 밝은 가로등 밑에서 자주 한무리의 땅강아지들이 날아다니는 것을 볼 수 있어요. 그들은 아래로 내리꼰졌다가 다시 부상하여 배회하는 동작을 반복하지요. 이것은 여러가지 풀벌레 가운데서 날개가 가장 작은 땅강아지가 높이도 멀리도 날지 못하기 때문이지요. 그러나 바로 그 조그마한 날개를 마찰하는 방식으로 "구구구"하는 소리를 낼 수 있기에 사람들은 도루래(蝲蝲蛄)라는 별명을 달아주었어요.

사람들의 오해로 지금까지 '도루래 울음소리 한없이 슬프고 지렁이 노래소리 이름을 날리네' 라는 속담을 쓰고 있어요.

그렇다고 지렁이를 얕잡아볼 것이 아니에요. 땅강아지에 비해 그 공로는 이만저만이 아니에요.

지렁이야말로 가장 훌륭한 토양청결공이에요. 그는 부식된 음식과 땅속 쓰레기를 소화시켜 다시 비료로 만들어주며 식물들이 무성하게 자랄 수 있도록 영양을 공급하고 토질을 더욱 깨끗하게 청소해주지요. 지렁이는 돌, 벽돌, 기와, 유리, 금속, 비닐을 제외한 모든 부식될 수 있는 유기폐물과 생활쓰레기를 소화시킬 수 있으며 그것을 유기비료로 만들어놓을 수 있어요.

지렁이의 소화능력은 사람들을 놀래울 정도인데 잡초나 나무부스레기, 동물뼈나

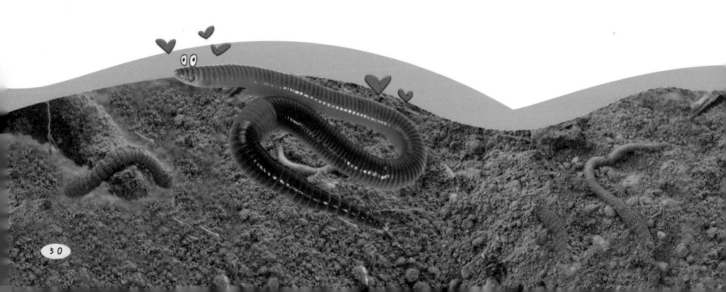

고기가시, 닭알껍질이나 과일껍질, 천쪼박 휴지 등 온갖 오물들은 모두 그들의 산해 진미로 될 수 있어요. 유관 전문가들의 실험에 근거한다면 1억마리 지렁이는 하루에 40톤가량의 쓰레기를 먹을 수 있다고 했어요. 그리고 보통 한 가정의 쓰레기를 처리하는 데는 2,000마리면 충분하다고 했어요.

이 밖에 지렁이는 '산 쟁기'라는 별명을 가지고 있어요. 그는 땅속을 오가면서 땅을 부드럽게 만들어주어요. 그러길래 200여년전 저명한 생물학자 다윈이 지렁이를 '지구상에서 가장 가치있는 동물이라' 높이 칭찬했었던 것이예요.

그러나 땅강아지는 달라요. 그는 금방 파종한 종자를 즐겨먹고 자주 곡물과 야채 그리고 묘목의 뿌리를 뜯어먹는데 명실공히 지하해충이예요.

기러기떼 하늘에 '글을 써요'

국화꽃 향기 그윽한 9월에 높은데 올라 멀리 바라보면 떼를 지어 남방으로 날아가는 기러기들을 자주 볼 수 있어요. 그들은 하늘에서 'ㅡ'자 아니면 'ㅅ'자 대형을 번갈며 나는데 동작이 그렇게 류창하고 자연스러울 수가 없어요. 그들은 왜 항상 정연한 대렬을 지을가요? 그들은 왜 이 두 글자모양만을 고집할가요?

　　기러기는 군집생활을 하는 철새예요. 기러기들의 고향은 북방 시베리아 일대인데 그들은 항상 그 곳에서 자식들을 낳아길러요. 그러나 겨울에는 그 곳에 얼음눈이 뒤덮여 먹을 것이 없기 때문에 남방으로 옮겨 살아요.

　　기러기들이 날아가는 로선은 주로 두 갈래인데 한갈래는 우리 나라 동북에서 출발하여 황하, 장강류역을 거쳐 복건, 광동 연해 지방 나아가 남해군도에까지 이르러요. 다른 한갈래는 우리 나라 내몽골, 청해에서부터 사천, 운남지구까지, 지어 어떤 무리는 먄마, 인도 등 나라까지 날아가서 겨울을 나지요.

　　그들은 몇십마리, 수백마리 지어 수천마리씩 무리를 지어 남과 북을 오가는데 옛사람들은 이런 대오를 '안진'("雁阵")이라 했어요.

　　'안진'은 경험이 풍부한 '선두기러기'가 앞에서 이끌고 날지요. 빨리 날 때는 '人' 자형으로 날다가 속도를 줄이면 '人' 자형에서 '一' 자형으로 변화시켜 날지요.

　　선두기러기가 날개짓을 하면 주위에 상승기류가 형성하지요. 동행하는 옆기러기들은 이 상승기류를 리용하여 비행하는데 반들어주는 힘을 받아 많은 체력을 절약할 수 있어요. 그들은 이렇게 서로 힘을 전달하며 비행하지요.

그러나 '선두기러기'는 이런 힘을 받지 못하기 때문에 쉽게 지쳐버릴 수 있어 장거리 이행과정에 기러기떼들은 자주 대형을 변해가며 선두자리를 바꾸어날지요.

어떤 때는 풍향도 그들의 대형을 변화시킬 수 있어요. 바람을 타고 날 때 선두기러기는 대오의 중간에서 인솔하며 'ㅅ'자형을 이루지요. 그러다가 곁바람이 불어오면 선두기러기는 바람을 타고 맨 앞부분에서 나는데 이 때의 대형은 'ㅡ'자형이지요.

기러기들은 쉴새없이 "끼룩—끼룩—" 울면서 나는데 마치 서로 격려해주는 것 같아요. 기러기들은 대부분 황혼녘이나 밤에 나는데 도중에 자주 호수와 같은 넓은 수면에 내려 휴식을 취하면서 물고기나 새우 그리고 수초를 먹으며 체력을 보충하지요. 기러기들은 아주 령리한데 밤에 잘 때는 꼭 한마리가 보초서지요. 일단 조금이라도 동정이 있으면 보초병은 일행이 빨리 도망칠 수 있도록 소리를 내여 깨워주지요.

매번 날기 전 기러기들은 한데 모여 '예비회의'
를 가져요. 그리고 나서 건장한 기러기가 먼저 앞장서서 나
는데 마치 대장이 나서서 길을 안내하듯 하지요. 어린 기러기들
은 대오 중간에서 날고 늙은 기러기들이 맨뒤에서 날면서 호위와 감독
을 맡지요.

매번 이동할 때마다 1~2개월 정도의 시간이 걸리고 몇천킬로메터의 거리를 날
아야 하는데 도중에 겪어야 할 간난신고는 이루 말할 수 없어요. 그러나 그들은 봄
철에 북으로 가고 가을에 남으로 가면서 한번도 시간을 어긴 적이 없어요. 모두 후대
를 번식하고 집단을 장대하기 위해서이지요.

'빨간 모자'를 쓴 무용가

　　해마다 10월 하순이면 남으로 가는 철새 가운데 아주 눈에 뜨이는 무리가 있는데 그들도 '一' 자형과 'ㅅ' 자 대형을 번갈아가며 날지요. 그들이 바로 두루미예요.

　　두루미는 선천적으로 우아한 체형을 갖추었어요. 곡선을 자랑하는 긴 목, 가늘고 곧바른 다리, 백설 같은 깃털, 거기에 눈부시게 산뜻하고 아름다운 빨간 육관, 정말로 날새 가운데서도 빼여난 인물자이지요. 두루미는 노래도 잘하고 춤도 잘 추지요. 춤을 출 때는 긴 목을 등허리에 붙이고 긴 부리는 하늘을 향해 곤두세우며 두 날개를 활짝 펼쳐 앞뒤로 한껏 부채질하지요. 그리고는 모둠발로 앞뒤로 도약을 하기도 하고 빙빙 돌기도 하지요. 더욱 흥미로운 것은 두마리가 마주해서 '대창'("対唱")과 '대무'(対舞)를 하는 것이예요.

　　두루미는 우리 나라에 고향을 두 곳에 두고 있어요. 해마다 10월 하순이면 우리 나라 동북에서 무리를 지어 장강하류 일대에 날아가 겨울을 나고는 이듬해 3월 하순에 다시 고향 흑룡강에 날아와 후대를 번식하지요.

　　두루미는 갈대밭이나 소택지에서 서식하는데 잡식성 동물이예요. 봄철에는 풀씨와 갈대싹을 먹고 동물성 음식이 풍부한 여름철이면 주로 물고기와 새우, 갑각류, 곤충을 잡아먹지요. 겨울철에는 남방의 간석지에서 바다고기나 깻지렁이 그리고 바지락과 게 따위를 잡아먹어요.

　　두루미의 수명은 50~60세, 우리 나라에서는 선학(仙鶴)이라 불리우는데 사람들은 그를 장수와 행운의 상징으로 보며 시인이나 화가들의 작품에 자주 등장하지요.

　　목전 전 세계에 두루미의 수량이 2,000여마리 밖에 되지 않아 아주 진귀하기로 우리 나라 일급보호동물이예요.

폭풍예보원

아빠엄마와 함께 수족관에 관광을 가면 꼬마친구들은 꼭 유령 같은 해양생물에 마음이 사로잡힐 것이예요. 모양은 우산 같기도 하고 버섯 같기도 한데 바다 속을 유유히 떠다니며 사라졌다 나타났다 하며 아주 여유로운 생활을 하지요. 어떤 것은 은빛을 내고 어떤 것은 오색령롱한데 어떤 것은 흰돛 같기도 하고 어떤 것은 스님의 승모 같기도 하지요. … 그들이 바로 해파리이예요.

해파리의 몸은 생수통같이 거의 물로 이루어졌는데 물을 빼고 나면 '종이'장 같은 가죽만 남지요. 그러나 해파리를 얕잡아볼 것이 아니예요. 그는 인류를 위해 크나큰 공헌을 하지요.

매번 폭풍우가 오기 전이면 사람들은 해파리가 종적을 감춘다는 것을 발견하게 되지요. 그럼 해파리가 폭풍우를 예측할 수 있단말인가요? 해파리의 촉수중간에 마디줄기가 나있고 그 끝에 조그마한 구형 구조가 달려

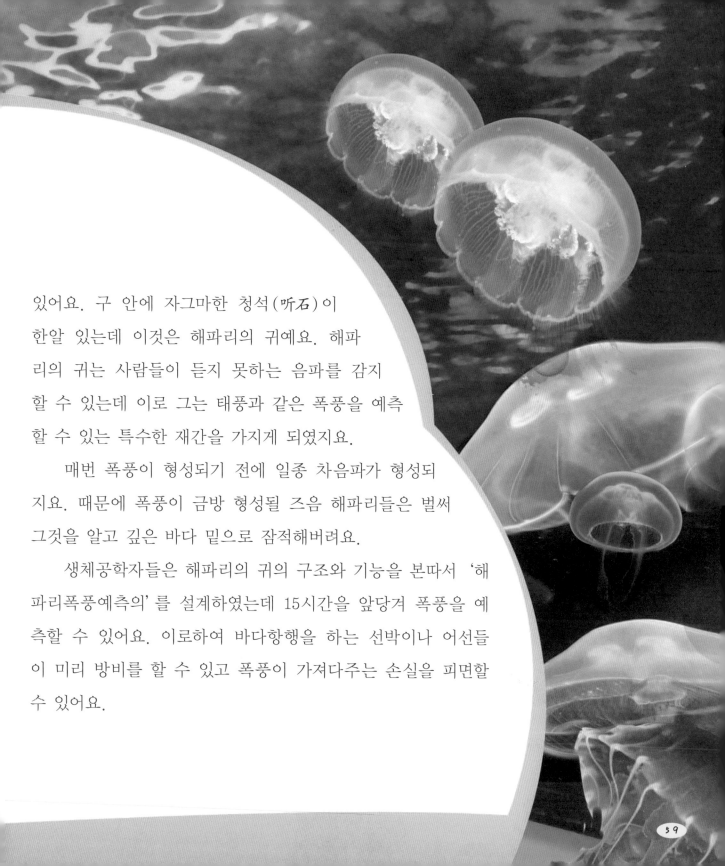

있어요. 구 안에 자그마한 청석(听石)이
한알 있는데 이것은 해파리의 귀예요. 해파
리의 귀는 사람들이 듣지 못하는 음파를 감지
할 수 있는데 이로 그는 태풍과 같은 폭풍을 예측
할 수 있는 특수한 재간을 가지게 되였지요.

　　매번 폭풍이 형성되기 전에 일종 차음파가 형성되
지요. 때문에 폭풍이 금방 형성될 즈음 해파리들은 벌써
그것을 알고 깊은 바다 밑으로 잠적해버려요.

　　생체공학자들은 해파리의 귀의 구조와 기능을 본따서 '해
파리폭풍예측의'를 설계하였는데 15시간을 앞당겨 폭풍을 예
측할 수 있어요. 이로하여 바다항행을 하는 선박이나 어선들
이 미리 방비를 할 수 있고 폭풍이 가져다주는 손실을 피면할
수 있어요.

새들도 옷을 갈아입어요

바람에 락엽이 흩날리는 가을숲을 산책하노라면 가끔 하늘에서 깃털이 날리는 것을 발견할 수 있을 거예요. 그렇다면 가을바람이 깃털을 뽑아냈단 말인가요? 아니면 누가 새총으로 새를 쏘았단 말인가요? 아니예요! 사실 그것은 새들이 자기절로 벗어버린 낡은 '옷'들이예요.

새들만의 특유한 깃털은 그들이 비행하는 필수 장비이고 보온작용의 옷이며 모양을 가꾸는 장식이기도 하지요. 새들은 자기의 깃털을 가장 소중히 여기지요. 그들은 가끔 강가나 못가에서 깃털에 묻은 먼지를 씻어내지요. 짬만 있으면 부리로 빗고 다듬는데 꼬리에 있는 지선에서 분비하는 유지를 부리에 묻혀 온몸의 깃털을 산뜻하고 빛나게 바르지요.

그러나 일년 동안 마모된 '옷'이 가을이 되면 낡고 파손되어 색갈도 산뜻하지 않거니와 겨울의 방한수요를 만족

시키지 못하지요. 때문에 일년에 한번 혹은 두번 깃털을 갈아대는데 가을바람과 더불어 시작되지요.

　새들이 깃털을 바꾸는 순서에는 규칙이 따로 있는데 보통 꼬리깃털을 먼저 갈고 다음에 날개깃털, 마지막에 머리깃털을 갈지요. 날개깃털을 바꿀 때는 좌우의 날개가 동일한 시간내에 대칭되게 탈모되는데 비행할 때 몸의 평형을 이루기 위해서이지요. 그렇지 않으면 한쪽이 무겁고 다른 한쪽이 가벼워 한자리에서 뱅뱅 맴돌게 되지요. 기러기, 물오리, 백조와 같은 새들은 날개깃털이 동시에 탈모되는데 이 기간에는 날지 못하지요. 때문에 그들은 소택지를 찾아 무리지어 숨어살면서 이 어려운 고비를 넘기지요.

'백서랑'으로 변해요

우리는 우리 나라 동북과 서북의 야외에서 키가 작달막한 '족제비'를 자주 찾아볼 수 있어요. 그들은 사지가 짧고 몸체가 길며 등에 황갈색의 털이 나있는데 진정한 족제비와 큰 구별은 없어요.

구체적으로 구별하자면 그들의 가슴털과 꼬리를 보면 알 수 있어요. 이 난쟁이 '족제비'는 가슴에 하얀털이 나있는데 마치 하얀 배두렁이를 입은 것 같고 꼬리 끝에는 검은 털이 한모숨 나있는데 마치 자그마한 비자루 같아요.

비록 키가 좀 작기는 하지만 쥐나 산토끼를 잡을 때는 족제비보다 더욱 사나워 잡기 전에는 절대 놓아주지 않아요.

그러나 겨울만 되면 이런 '족제비'를 찾아볼 수 없어요. 대신 키가 작달막한 '백서랑'(하얀족제비)이 눈밭을 오가며 '눈을 쓸고' 다니는 것을 볼 수 있어요.

이건 어찌 된 일일가요?

사실 이 난쟁이 족제비의 이름을 설유(雪鼬-눈족제비)라 해요. 해마다 가을이면 설유는 아주 중요한 작업을 시작하는데 바로 털갈이예요. 봄과 여름 두 계절에는 몸의 털이 굵고 성긴데 그것은 열을 잘 발산하고 가볍고 시원하게 하기 위해서예요. 그러나 겨울철에는 이런 털로 추위를 감당하기 어렵기 때문에 부드럽고 촘촘한 '솜옷'으로 바꿔입어요.

이 때가 되면 그들은 원래의 노란 털을 갈아대고 눈같이 하얀 털로 바꿔요. 좋은 점이라면 눈밭에서 '사냥'을 할 때 천적을 피해다닐 수 있을 뿐만 아니라 사냥감을 접근하는 데 리로우니 일거량득인 셈이지요.

설유와 같이 하얀 겨울옷으로 바꿔입는 동물은 이 밖에도 많은데 고산토끼와 은서(银鼠-흰족제비)도 여기에 속하지요.

부지런한 다람쥐

가을에 홍송림이나 호두밭에 가면 친구들은 꼭 그 곳의 귀염둥이—다람쥐를 만날 수 있을 거예요. 그들은 나무의 아래우를 잽싸게 오르내리기도 하고 땅 우에서 요리조리 동분서주하면서 분주히 오가지요. 좀더 자세히 관찰해보면 그들의 볼은 항상 볼록해 있다는 것을 발견할 수 있지요.

사실 그들은 월동음식을 저장하느라 바삐 돌아치고 있는 중이예요.

다람쥐는 온혈동물이라 동면을 해야 하지만 기타 랭혈동물처럼 아무것도 먹지도 마시지도 않는 동면과는 달리 수시로 음식을 섭취하여 신체수요를 만족시켜야 하지요. 하지만 겨울철이 되면 온 대지에 빙설이 뒤덮인데다가 과실은 이미 기타 동물들이 먹을 대로 먹어치우거나 가져갈 대로 가져갔기 때문에 일찍 월동음식을 저장해두는 게 그들한테는 가장 좋은 선택이지요.

　　다람쥐들은 잣, 살구씨, 도토리, 호두와 같은 견과류를 즐겨 먹는데 소나무의 여린 가지나 나무껍질, 버섯, 곤충, 새 등도 좋아하지요. 그러나 저장하는 음식은 견과류를 위주로 하지요.

　　다람쥐는 음식을 집중 저장도 하고 분산 저장도 하지요. 나무 우의 굴이나 페기된 새둥지가 가장 적합한 선택이지만 양지 쪽 언덕도 괜찮은 곳이지요. 다람쥐는 땅에다 옅은 구뎅이를 파서는 자기가 채집한 견과류를 묻고 우에다 흙을 한층 덮어놓지요.

　　다람쥐가 숨겨둔 음식은 일부분은 식량이 부족할 때 찾아먹고 극소부분은 다 먹지 못하거나 저장지점을 잊어버려 찾지 못하지요. 이런 견과류들이 늦은봄과 초여름이 되면 싹이 트고 자라나지요. 때문에 어떤 사람은 다람쥐를 종자를 파종하는 '정원사' 라고도 하지요.

련어가 고향으로 돌아가요

사람들은 자기가 태여난 곳을 고향이라 하지요. 태평양에서 생활하고 있는 련어의 고향은 우리 나라 흑룡강에 있어요.

련어는 아주 이쁘게 생겼는데 몸이 균형적이고 은백색을 띠며 눈과 입이 상대적으로 크지요.

해마다 9월 이후면 사람들은 무리지은 련어들이 위풍당당한 기세로 물을 거슬러 올라가는 것을 볼 수 있지요. 험난한 여울을 만나면 높이 솟구쳐 뛰여넘고 세찬 물살은 서슴없이 뚫고 지나지요. 흑룡강 중상류에 다달아서야 가던 길을 멈추고 자기들의 신성한 작업을 개시하지요.

그들은 이 곳에서 산란을 하고 후대를 부화시켜요. 금방 태여날 자식들에게 편안한 보금자리를 마련해주기 위해 어미련어는 강바닥에 타원형의 웅뎅이를 파놓지요. 그리고 나시 어미련어는 이 보금자리에다 수만개나 되는 붉고 투명한 알을 낳아요. 이어 아빠련어가 란무지에 물안개 같은 정액을 배설하여 알놈들을 깨우지요. 이것으로 끝나는 것이 아니예요. 그들은 또 꼬리 지느러미로 주위의 모래를 부채질하여 란무지에 살풋이 '솜이불' 을 덮어주어요.

50여일이 지나면 꼬마련어들이 부화되어 태여나지요. 그들은 고향의 물맛을 알게 되고 자기의 출생지를 머리 속에 깊이 기억해 두어요. 듣는 말에 의하면 련어들이 고향으로 돌아올 때는 물의 냄새에 근거하여 수로를 찾는다고 해요.

꼬마련어들은 민물에서 한동안 생활하다가 래년의 봄철에 부모들이 왔던 길을 따라 먹이가 풍부한 바다로 찾아가서 계속 자라요.

몸색이 변하는 고추잠자리

립추 이후의 저녁 무렵이면 사람들은 자주 내가나 못가의 상공에서 오르내리며 선회하기도 하고 그러다가는 내리꼰지고 한 자리에 머물러있다가는 갑자기 가로질러 날아다니는 고추잠자리떼를 볼 수 있어요. 그들은 아무리 몰려있어도 언제나 민첩하게 비켜날면서 절대로 서로 부딪치는 일이 없어요. 그 무리들은 대형무도회나 광희의 밤을 방불케 할 정도로 장관을 이루지요.

수천만을 헤아리는 고추잠자리들은 어디에서 날아왔을가요?

고추잠자리는 체형이 비교적 작은 잠자리에 속하지요. 해마다 6월말에서 7월 사이, 고추잠자리들은 평원지구의 못이나 늪 그리고 논밭에서 탈퇴환골하는데 물에서  생활하던 '물전갈'로부터 날개 달린 성충으로 변하지요. 이 때의 고추잠자리들의 몸색은 아직 노란색을 띠고 자주 풀잎에 내려앉아있어 눈에 잘 뜨이지 않지요.

얼마간 지나 그들은 산숲이나 들판에 날아가 작은 곤충을 포식하며 온 여름을 나지요.

9월중순부터 10월 사이, 그들은 점점 성숙되지요. 수잠자리가 먼저 몸색이 변하는데 어떤 것은 옅은 붉은색, 어떤 것은 주홍색, 어떤 것은 짙은 붉은색, 또 어떤 것은 자홍색을 띠지요.… 풀잎에 내려앉으면 마치 잘 익은 고추같아요. 한쌍의 복안은 마치 투명하게 반짝이는 석류씨 같기도 하지요. 그들은 쉴새없이 암잠자리 앞에서 뽐내면서 청혼을 하지요. 이어 짝을 이룬 고추잠자리들은 무리를 지어 자기들의 고향인 평원으로 돌아가지요.

고추잠자리들은 대개가 암놈과 수놈이 짝을 지어 날아요. 교미가 끝나면 늪이나 못 그리고 논밭에 산란을 하지요. 가끔 그들의 이동거리는 100킬로메터를 초과할 때도 있어요.

짝을 찾으러 바다로 가요

늦가을이 되면 바다로 흘러드는 하천의 상류에서부터 성숙된 뱀장어들이 모든 것을 아랑곳 않고 바다 입구로 헤엄쳐 가지요. 이런 뱀장어들은 모두 암놈들인데 바다 입구에 가서 수놈을 만나 짝을 이루고 그다음 같이 깊은 바다로 가서 자식을 낳아 길러요.

뱀장어를 만리(鰻鱺)라고도 하지요. 우리 나라에서 자라는 뱀장어는 귀중한 품종에 속하는 일본뱀장어라 하는데 세계에서 가장 신비로운 어류의 하나이기도 하지요.

뱀장어의 생장과정은 아주 특이하지요. 그들의 출생지는 천리 밖의 해만이예요. 그 곳은 수심이 몇백메터에 달하고 수온이 16℃ 좌우예요. 암뱀장어는 한번에 700만~1,000만개의 알을 낳아요. 이런 알들은 물속에서 떠다니며 10일 만에 투명한 당

분 같은 새끼뱀장어로 부화되지요. 부화된 새끼뱀장어는 점차 수면으로 이동하는데 바다물결을 따라 우리 나라, 조선, 일본 연안으로 표류하지요.

하천의 바다 입구에 이르러 새끼 암놈과 수놈은 서로 헤여져요. 암놈은 강을 거슬러 올라가 하천의 주류, 지류 또는 강과 이어진 호수에 찾아드는데 몇천킬로메터 되는 상류까지 헤염쳐 가는 놈도 있어요. 그러나 수놈들은 동행하지 않고 바다 입구에 머물러 자라요.

새끼뱀장어는 10년을 거쳐야 성숙되지요. 뱀장어의 수명은 아주 길어요. 사람들이 절강성 상산(象山)의 한 저수지에서 몸무게가 9.4킬로그람, 길이가 1.38메터인 야생뱀장어를 발견한 적이 있는데 추산에 따르면 50년 이상을 살았다고 해요. 스웨덴의 허싱그박물관(赫星格博物馆)의 수족관에 양식하고 있는 유럽뱀장어는 뱀장어 가운데서도 수명이 가장 긴 놈인데 무려 88년을 살았다고 해요.

9월에는 둥근 배꼽, 10월에는 뾰족 배꼽

속담에 이르기를 '가을바람이 일면 게발이 간지럽고 9월에는 둥근 배꼽 10월이면 뾰족 배꼽'이라 했어요. 여기서 '둥글'고 '뾰족'하다는 것은 암게와 수게를 두고한 말이예요. 게의 복부에는 '제엄'(脐掩)이란 딱지가 붙어있어요. 암게의 제엄은 복숭아같이 둥그랗고 수게의 제엄은 보탑모양으로 뾰족하지요. 소위 '9월에는 둥근 배꼽 10월에는 뾰족 배꼽'이라 하는 것은 음력 9월이면 암게를 먹는 좋은 때이고 10월이면 수게를 먹는 좋은 때라는 뜻이예요. 이 때의 게가 가장 살졌기 때문이예요.

게는 갑각류동물이예요. 그들의 몸은 딴딴한 껍질이 보호하고 있어요. 대다수 종류의 게들은 바다에서 생활하는데 일부 종류의 게들은 륙지의 민물에서 생활하지요.

륙지에 사는 민물게들은 낮에는 굴 안에 숨어있다가 밤이 되여야 굴 밖을 나와 먹을 것을 찾아요. 게들은 수초와 부식된 동물시체를 좋아하는데 다슬기나 연충, 곤충 따위도 즐겨 먹으며 가끔 새끼고기나 새우를 잡아먹기도 하지요.

　　게의 수명은 보통 1~3년이예요. 평생 한번의 생식주기를 가져요. 그들은 어미게의 산란을 통해 후대를 번식하지요. 어미게는 한번에 적지 않은 알을 낳는데 그 량이 수백만개에 달하지요. 해마다 음력 9월 전후로 암게가 성숙되면 게란을 품은 란소가 체강을 꽉 채워줘요. 10월달이 되면 수게도 성숙되는데 정자를 품은 정낭이 점점 풍만해져요. 이러기 전에 그들은 정신없이 포식하여 근육을 탄탄히 다져야 해요. 후대를 번식하기 위해 하류의 바다 입구까지 장거리 이동을 해야 하기 때문이예요. 그래서 음력 9월은 암게를 먹는 좋은 시기이고 10월은 수게를 먹는 좋은 때라고 한 것이예요.

늦가을의 메뚜기

어쩌다 풀숲을 발로 뒤적이면 한마리 혹은 여러 마리 메뚜기들이 놀라 솟구쳤다가 다시 풀숲으로 종적을 감추는 것을 볼 수 있어요. 어떤 것은 푸른색을 띠고 어떤 것은 갈색을 띠며 어떤 것은 검은색을 띠지요. '사월로'(四月老)요, '등도산'(蹬倒山)이요 '단장구'(担杖钩)요 각지마다 부르는 이름이 다르지만 사실 황충이라는 하나의 학명을 가지고 있어요.

큼직한 뾰족머리 록색메뚜기놈을 하나 잡아서 손으로 두 다리를 집으면 그 놈은 쉴새없이 '절'을 하지요.

메뚜기란 놈은 해충이예요. 그들의 구기는 딴딴하고 날개가 부드러워 나는 데 능하지요. 뒤다리가 발달되여 뜀질을 잘하고 곡식과 잔디를 즐겨

먹지요. 메뚜기는 보통 담이 작은데다 독거생활을 하기에 그들의 위해성은 제한되여 있어요. 그러나 가끔 습성이 변하여 군거생활을 하면서 집체로 이동할 때가 있어요. 어떤 때는 수천만마리나 되는 황충이 떼무리를 지어 하늘을 뒤엎을 기세로 한 방향으로 이동하는데 그들은 지나가는 곳마다 식물을 싹 쓸어버려요. 그럴 때는 곡식을 한알도 거두어들이지 못해 농업생산에 막대한 손해를 가져다 주게 되지요. 사람들은 그런 황충을 뼈에 사무치도록 미워하지요.

메뚜기들은 기나긴 추운 겨울을 견디지 못하기 때문에 산란을 통해 겨울나이를 하지요. 늦가을이 되여 기온이 내려가면 그들의 활동이 느직해지는데 많은 지방에서는 '늦가을의 메뚜기라 설칠 날이 며칠 안 남았다' 라는 속담을 자주 쓰지요. 뜻인즉 한 사람이나 사물이 오래 가지 못한다는 뜻이예요.

랭혈동물은 결코 차겁지 않아요

동무는《꼬마고양이가 체온을 재다》란 과학동화를 읽은 적이 있어요? 꼬마고양이가 꼬마염소, 꼬마수탉, 꼬마개구리한테 체온을 재주는 이야기예요. 꼬마고양이의 측량 결과 꼬마염소의 체온은 37℃였고 꼬마수탉의 체온은 40℃였는데 꼬마개구리의 체온은 올랐다 내렸다 온정하지 않았어요. 처음에는 40℃였다가 물에 뛰여들어 한참 헤염치고 난 후에는 18℃밖에 되지 않았어요.

꼬마개구리 같은 동물을 변온동물 혹은 랭혈동물이라 하지요. 거부기, 뱀, 물고기와 대부분 곤충들이 변온동물에 속해요.

랭혈동물들은 체온조절능력이 비교적 약하므로 날씨가 추울 때는 피의 온도가 낮고 날씨가 더울 때는 피의 온도가 높게 되지요. 여름의 아침 뱀의 체온이 25℃라면 점심에는 40℃로 상승하지요. 이렇게 그들의 체온은 환경온도의 변화에 따라 변하지요. 례를 들어 지렁이의 체온은 그가 살고 있는 토양의 온도와 같고 물고기의 온도는 그가 헤염치는 물의 온

도와 같아요.

　변온동물들은 보통 외계의 온도가 변할 때 자기의 행위를 개변시키는 방법으로 환경에 적응하지요. 그들은 절대적으로 환경에 좌우되지 않는데 이런 행위방식을 행위체온조절이라 해요. 례를 들어 거부기는 자주 돌 우에서 해빛을 쪼이고 물고기들은 부동한 깊이의 수온층을 오가며 사막동물들은 대낮에 자기 몸을 모래에 묻어놓고 곤충들은 날개짓을 하여 근육 온도를 높여주지요.…

걸신 들린 곰

　　동무는 곰이 옥수수 따는 이야기를 들어본 적이 있는가요? 곰 한마리가 옥수수를 따는데 옥수수를 따서는 한쪽 겨드랑이에만 끼는 동작을 반복했다는 것이예요. 곰은 먼저 낀 옥수수이삭이 떨어지는 것도 모르고 손이 가는 대로 옥수수이삭을 따서는 계속 한쪽 겨드랑이에 끼워놓는 거예요. 하나 따고 하나 떨구고 그렇게 온밤을 고생하였지만 결국에는 마지막에 딴 한이삭만 달랑 들고 기뻐서 돌아갔다는 내용이예요. 그렇다면 곰은 바보인가요?

　　곰은 비록 겉으로 보기에는 바보같아 보여도 사실은 아주 령리하지요. 가슴 복판에 'V'자로 된 흰털무늬를 내놓고 그들의 온몸은 검은 털로 뒤덮여있어요. 멀리서 그들이 몸을 세워 걷는 것을 보느라면 마치 가슴에 하얀 화환을 두른 것 같아요. 그들은 나무를 기여오를 수 있을 뿐만 아니라 헤염도 잘 쳐요. 우리 나라 동북지구에서는 그들을 '허이쌰즈'(黑瞎子-검은 눈소경)라 불러요. 선천적으로 근시이고 100메터 밖의 물건을 분간하지 못하기 때문이예요. 그러나 그의 귀와 코는 유별나게 령민한데 순풍에 1리(500메터) 밖의 냄새를 맡을 수 있고 300보 밖의 발자국소리를 들을

수 있어요.

　곰은 가끔 마을로 내려와 인가의 문을 두드릴 때도 있어요. 동북의 겨울은 온통 눈밭이예요. 어떤 곰은 추위를 두려워하지 않고 사처로 먹이를 찾아다녀요. 싱싱한 풀이나 과일, 견과도 없고 개구리, 물고기, 새우, 쥐도 찾지 못하니 인가의 문을 두드릴 수 밖에 없지요. 어느 한번은 곰이 병영까지 쳐들어와 돼지고기를 한덩이 훔쳐서 맛나게 먹더래요.

　혹시 "곰은 동면하지 않나요? 어떻게 먹이를 찾으러 다니지요?"하고 물을 수도 있어요.

　곰의 동면을 말하자면 기타 변온동물들의 동면과 달라요. 개구리나 거부기, 뱀

들의 동면은 마치 죽은 것처럼 먹지도 마시지도 않

고 심장박동이 아주 느려요. 그러나 곰의 동면은 잠을 자는

것과 같은데 다만 체온이 4℃ 좌우 하강될 뿐이예요. 만약 주위에 무슨 동정이 생기

면 인차 소스라쳐 깨여나 상대와 맞붙거나 도망치지요.

　　그렇다면 늦가을 곰들은 왜 정신없이 먹어댈가요?

　　그것은 동면을 위해 준비하는 과정이예요. 동면전에 곰은 하루에 20여시간 쉴새

없이 음식을 먹는데 이렇게 한달 동안 지방을 증가시켜 영양을 저장하는 거예요. 이

동안 그들은 동분서주하며 여린 나무가지, 이끼와 산열매를 찾아먹고 내가에 가서

개구리, 게와 물고기를 잡아먹으며 굴을 파서 쥐잡이를 하고 나무에 기여올라 새둥

지를 털며 개미를 핥아먹고 꿀을 훔쳐먹어요. 지어 꽃사슴이나 염소와 같은 동물들도 습격할 때도 있어요. 굴에서 동면할 때는 곰의 체중이 일상보다 바이상 증가되어 아주 뚱보로 되여버려요.

　곰은 겨울철에 4~5달 정도 잠을 자면서 먹지도 않고 마시지도 않아요. 이 기간 그들의 체온변화는 아주 작은데 다만 체내의 지방과 물을 소모할 뿐이예요. 그러나 기타 항온동물들은 휴면상태에서 지방을 소모할 뿐만 아니라 근육단백도 소모하기 때문에 그들의 신체는 아주 허약하게 되지요.

　봄날의 첫 천둥소리가 울리면 곰은 인차 잠에서 깨여나 사처로 먹이를 찾으러 다녀요. 만일에 음식을 찾지 못해 2주를 굶는다 해도 곰은 배고픔을 몰라요. 그것은 곰이 늦가을에 저장한 지방이 아직 남아있기 때문이예요.

청개구리는 몸을 숨길 곳이 따로 있어요

둥근달이 서서히 떠오르는 여름밤, 어떤 놈이 선두를 떼기만 하면 늪가나 논밭, 옥수수밭… 여기저기서 청개구리들이 순식간에 호응해나서면서 열창을 시작하지요. "개굴개굴— 개굴개굴—" 울음소리가 밤하늘을 진동하지요.

그러나 늦가을에 들어서면 들끓던 음악회가 막을 내리고 정적을 되찾지요.

그 많은 청개구리들은 어디로 갔을가요?

어떤 사람들이 호기심이 동해 들판의 땅을 파고 풀숲을 헤치고 돌무지를 뒤져보았더니 이 놈들이 땅속이나 동굴에 숨어있었어요.

그 놈은 왜 벌레를 잡지 않고 땅속에 숨어서 게으름을 피울가요? 동무들은 청개구리들을 절대 원망하지 말아요. 청개구리는 환경의 온도에 따라 체온이 변화하는

변온동물이예요. 늦가을 이후 태양이 남쪽으로 내려가면서 우리 나라 대부분 지방의 온도는 내려가기 시작하지요. 서리가 내리기 전후 기온이 8℃ 이하로 내려가면 청개구리는 동면상태에 들어가게 되지요. 그들은 마치 죽은 것처럼 먹지도 움직이지도 않는데 미약한 생명현상을 보일 뿐이예요. 만약 온도가 0℃ 이하로 내려가면 그들도 얼어죽게 되지요. 때문에 온도가 내려가기 전에 미리 만단의 준비를 하고 땅속 깊이 숨어 동명상태로 추운 겨울을 지내야 하지요.

내가나 못 그리고 늪에서 생활하던 개구리들은 부근의 강가나 논두렁 혹은 내가의 땅굴에서 겨울나이를 하지요. 어떤 개구리는 마른 강바닥이나 개울바닥 흙탕 속에서 동면을 해요. 논밭에서 생활하던 청개구리들은 논밭과 마른 땅 밑의 땅굴이나 돌틈에서 겨울을 나요. 수림 속의 청개구리들은 일반적으로 나무굴이나 대나무 속 그리고 락엽층 밑에서 동면하지요.

'살아있는 식물 화석'

늦가을 쉬는 날이면 우리는 곧잘 공원에 은행나무숲을 찾아가지요. 황금빛 가을옷을 갈아입고 줄지어 우뚝 솟은 은행나무숲을 멀리서 바라보노라면 흡사 금빛성벽을 방불케 해요. 가을바람이 스치면 황금락엽이 뱅글거리며 락하하는데 마치 금빛 나비들이 춤을 추는 듯하지요.

은행나무잎을 자세히 관찰해보면 푸르렀다 누르러지는 흔적을 찾아볼 수 있어요. 어떤 잎은 변두리가 노랗고 가운데는 아직 푸르른데 마치 옥을 박아놓은 황금부채 같아요. 어떤 잎은 노란색과 파란색이 엇갈리여 물들었는데 마치 한떨기의 꽃송

이 같기도 하지요. 또 어떤 잎은 온통 노랗게 황금귀걸이처럼 물들어있어요.… 이로부터 우리는 은행나무잎은 푸른색에서 노란색으로 점차 변해간다는 것을 알아낼 수 있어요.

가을이 오면 왜 은행잎이 눈부시게 노란가요?

모두 알다 싶이 식물의 잎에는 엽록소, 엽황소, 안토시안, 카로틴 등 여러가지 천연색소를 함유하고 있어요. 잎의 색갈은 이런 색소의 많고 적음에 의해 결정되지요. 봄여름에는 엽록소 함량이 우세를 차지하는데 엽황소와 카로틴의 함량은 엽록소에 비해 퍽 차이나게 적어요. 때문에 엽편은 엽록소의 푸른색을 띠게 되지요. 가을에 들어서면 기온의 하강과 함께 해빛이 약해지고 엽록소의 함량도 점차 낮아져요. 그러나 엽황색과 카로틴은 상대적으로 온정하여 외계환경의 영향을 적게 받아요. 때문에 엽편은 이런 색소를 위주로 한 노란 색갈을 띠게 되지요. 은행나무 엽편의 엽록소 분포는 밖에서 안으로 가면서 점차 적어지기 때문에 그 노란색도 아주 특이한 변화과정을 가지게 되지요.

　　은행의 잎은 다른 나무잎과 달라 땅에 떨어졌다 해도 원상태를 유지하는데 절대 마르거나 오무라들지 않아요. 그러기에 은행잎은 서표를 만드는 데 아주 적합하지요.

　　은행잎은 약재로도 사용되지요. 현대과학연구에 따르면 은행잎에 200여종의 약용성분이 함유되여있는데 기억력을 증강시켜 주고 뇌피로를 완화시켜 줄 뿐만 아니라 심뇌혈관질병도 예방할 수 있다고 해요. 현대화 선진기술로 생산해낸 은행차는 사람들의 체력을 증강시켜 주고 면역력을 제고시켜 주며 심장, 뇌, 간, 콩팥을 보호해주는 작용을 하지요. 그러나 과학적인 처리과정을 거치지 않은 은행잎에는 독소가 들어있기에 함부로 복용하지 말아야 해요.

　은행나무의 고향은 우리 나라예요. 일찍 2.5억년전부터 이미 가장 번성한 식물로 자랐어요. 은행나무는 억만년의 풍상고초를 겪어오면서도 의연히 자기의 원시적인 면모를 지켜온 리유로 사람들은 은행나무를 '살아있는 화석' 이라 했어요.

　은행나무의 수명은 아주 길어요. 우리 나라 강소성, 산동성, 귀주성과 사천성에서 모두 3,000년 이상의 고목을 발견한 적이 있어요. 때문에 은행나무는 중국 4대 장수관상나무(소나무, 측백나무, 홰나무, 은행나무)의 하나로 불리우게 되였어요.

단풍이 물들어요

　　가을의 길가나 화원 혹은 관광명소에 가면 생화 같은 빨간 잎이 띄엄띄엄, 무덕무덕 홰불처럼 타오르는 것을 볼 수 있어요. 그루그루 어깨 겯거나 무지무지 잇닿은 것이 불타는 노을 같아요. 나무잎이 어쩌면 꽃처럼 만발할가요?

　　이런 나무를 단풍나무라 하는데 학명은 척나무라 하지요. 이런 나무잎은 '안토시안' 이란 색소를 함유하고 있어요. 안토시안은 유명한 '카멜레온' 이예요. 엽편의 세포액이 산성일 때는 붉은색으로 변하고 세포액이 염기성일 때는 남색으로 변하고 세포액이 중성일 때는 자주빛으로 변하지요.

　　안토시안은 포도당이 변화된 것인데 특히 낮과 밤의 기온 차이가 클 때 가장 쉽게 생성되지요. 가을에 들어서면 낮과 밤의 온도 차이가 크기 때문에 안토시안의 형성에 리로워요. 이 기간 단풍잎의 세포액은 산성을 띠기에 안토시안은 붉은색으로 변하면서 우리에게 산뜻한 붉은 단풍으로 안겨오지요.

2011년 9월에 료녕성 본계시는 '중국단풍의 도시'로 평선되였어요. 전 시적으로 단풍나무가 26.5만무나 되는데 그 규모가 국내 1위를 차지하지요. 단풍잎의 종류도 다종다양하여 삼각형, 오각형, 13각형 많기로 무려 16가지인데 색갈은 황적색, 선홍색, 혈홍색을 띠는가 하면 하트모양, 부채모양, 손바닥모양, 오각형 등 각가지 형태를 자랑하기도 하지요. 이 곳의 단풍숲은 세계에서도 보기 드문 식물의 계절성 경관을 이루는데 해마다 가을철만 되면 전국 각지의 유람객들의 발길을 끌고 있어요.

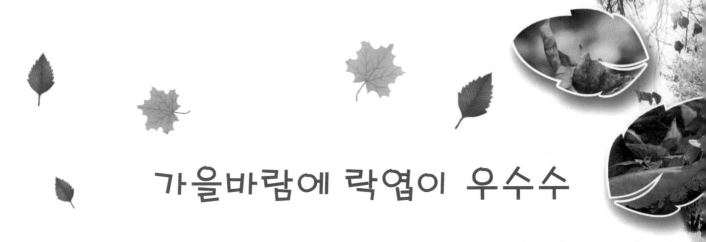

가을바람에 락엽이 우수수

　푸른 잎은 식물이 영양을 제조하는 가공공장이며 공기를 흡수하는 주요기관이기도 하지요. 푸른 잎의 가장 부지런한 로동자—엽록소는 해빛을 받아 공기 속의 이산화탄소를 흡수하고 탄수화물과 산소를 배출하지요. 생산해낸 탄수화물은 나무가 자라는 데 공급되고 산소는 밖으로 배출하여 세상을 살아가는 생령들에게 선물하지요.

　봄바람은 새싹을 움트이고 여름바람은 나무잎을 장성시켜 사람들의 더없는 칭찬을 받아왔어요. 그러나 유독 가을바람만은 락엽을 떨구어야 했으니 이것은 가을바람의 잘못인가요 아니면 다른 사연이 있어서일가요?

　푸른 잎도 수명이 있어요. 1년생 식물의 잎은 식물의 사망과 함께 사라져요. 그리고 다년생 식물의 잎의 수명은 몇달 밖에 되지 않아요.

실외에 드러난 식물에게 있어서 얼음눈이 뒤덮인 겨울은 엄준한 고험이예요. 자기 몸의 충족한 수분을 유지하고 체내 에네르기의 산실을 막기 위해 식물들은 온몸의 잎을 떨어버려야 해요. 때문에 가을철이 다가오면 나무들은 푸른 잎이 생산한 영양을 신체의 기타 부위에 저장하지요. 동시에 엽병의 끝부분에 자라나는 다층 박벽세포가 엽편과 나무가지를 격리시켜요. 이러한 박벽세포는 아주 약해 조금만 흔들어도 가지에서 탈리되지요.

여기까지 보고 나면 우리는 늦가을의 락엽은 식물들의 자아보호행위라는 것을 알 수 있어요. 가을바람은 다만 식물들의 념원을 이룩하는 데 도와주었을 뿐이예요. 사람들은 '가을바람에 락엽이 우수수'란 시구로 가을바람의 강력함을 노래하는데 사실은 가을바람의 힘을 너무 지나치게 높이 평가한 것이예요.

대나무가 꽃피는 것을 참대곰은 싫어해요

　　우리는 흔히 산림의 비탈진 곳이나 물 맑은 강가에서 우거진 대숲을 찾아볼 수 있어요. 가지와 잎이 무성하고 청신하고 짙푸른 죽림은 가을바람에 쏴—쏴— 소리내며 파도처럼 일렁이지요. 그루그루 청죽은 마치 우아한 자태를 자랑하는 소녀가 춤추는 듯하고 물에 비낀 대숲은 짙푸른 장막이 물결따라 넘실대는 듯한데 아름답기 그지 없어요.

　　수많은 청죽 가운데 대전죽(大箭竹)이란 품종이 있는데 우리 나라 국보—참대곰이 가장 즐겨 먹는 대나무예요. 어느 해인가 여름과 가을이 바뀔 무렵 우리 나라

사천성 와룡자연보호구내의 전죽들이 대량으로 꽃을 피웠어요. 꽃이 지자 대나무들이 무더기로 죽어났는데 참대곰들이 먹을 것이 없어 사처로 피난갔고 어떤 참대곰은 굶어죽기까지 했어요.

사람들은 자주 '대나무는 평안을 알린다'고 하는데 왜 대나무에 꽃이 피면 참대곰한테 재난을 가져다준다고 할가요?

이것을 알자면 대나무의 본성으로부터 말해야겠어요. 대나무는 다년생 벼과식물인데 밀, 벼와 한가족이예요. 말하자면 건실하게 자라는 '풀'에 불과하다는 것이예요. 다만 대나무는 해마다 꽃피는 것이 아니라 소수를 제외하고 대부분은 십몇년 혹은 몇십년 만에 한번 꽃이 피고 열매를 맺는 것이예요. 어떤 대나무는 백년이 지나서야 꽃피는 것도 있어요. 대나무가 꽃을 피우는 것은 성숙을 표시하는데 꽃이 지고 나면 열매를 맺고 후대를 번식하지요. 대나무가 꽃을 피우면서 죽편과 죽간에 저장된 영양을 몽땅 소모하게 되면 대나무는 말라죽지요. 어린 대나무가 자라고 건실해지기까지는 일정한 과정이 필요하지요. 이것은 참대곰들에게 있어서 재난이 아닐 수 없으니 그들이 싫어할 만도 하지요.

식물포대기에 '아기'가 싸여있어요

우리는 거의 매일마다 과일을 먹든지 견과를 까든지 하지요. 아빠엄마들은 과실을 자주 많이 먹으면 건강하게 자랄 수 있다고 하지요. 그렇죠, 식물의 과실은 맛도 있거니와 영양도 풍부하니 싫어할 사람이 어디 있겠어요?

그렇다면 동무는 식물이 왜서 과실을 맺는지 생각해보았어요? 다만 사람들의 욕구를 만족시켜주기 위해서일가요?

사실 모든 식물이 과실을 맺는 것이 아니예요. 이것은 피자식물의 특허산품이예요. '피자'란 '이불로 감싼 종자'란 뜻이니 마치 포대기에 아기가 감싸있는 것과 같다는 말이예요. 식물들이 과실을 맺는 것은 사실 자기들의 후대를 번식하는 일종 방식이예요.

식물이 후대를 번식하자면 자녀를 계속 자기 곁에 둘 수는 없어요. 자기의 자

식들을 세계 각지로 진출시키려면 다른 사람의 도움이 필요했어요.

　　동물들이 그들의 가장 좋은 조수로 나서게 되였어요. 그들은 먼거리를 달릴 수 있어 종자를 멀리 전파하는 데 리로웠어요. 식물들은 말을 할 수 없으므로 직접적으로 자기의 마음을 표달할 수 없어요. 그렇다면 그들은 어떤 수단으로 이런 조수들을 불러올가요? 모체식물한테 있어서 자기의 종자에 대해 포장하는 것은 얼마든지 할 수 있는 일이예요. 그들은 과피 속에 과잉 영양조직(과육)을 저장하여 동물들이 찾아먹게 유인하지요. 혹은 종자에 '날개'(바람의 힘을 빌릴 수 있게)를 달아주거나 갈구리(동물의 몸에 붙어다닐 수 있게)를 달아주어요.…

　　세월과 더불어 인류는 그들의 비밀을 알게 되였고 과수나무를 재배하고 곡식을 가꾸는 데서 더욱 많은 과실을 수확하게 되였어요.

빨간 사과에 글이 나타나요

과일가게에 가면 우리는 초롱불 같은 빨간 사과를 쉽게 찾아볼 수 있는데 그중에는 몸체에 글씨가 씌여있는 사과들도 심심찮게 볼 수 있어요. '생일 축하해', '열심히 공부하여 나날이 향상하자'란 글자가 찍혔는가 하면 창문전지(窗花)가 찍힌 사과도 있고 '까치가 매화가지에서 지저귀'(喜鹊登梅)는, '팔선이 바다를 건느'(八仙过海)는 문양이 찍힌 사과도 있어요.

이런 글자와 그림은 사람이 썼을가요 아니면 그렸을가요?

모두 아니예요. 사과의 몸에 자체로 자라난 것이예요. 어떤 사람은 이런 사과를 '예술사과'라 하지요.

사과에 어떻게 글자와 그림이 생겨났을가요?

고가고품질 사과를 재배해내기 위하여 과학자들이 일종 주머니씌우는 기술을 연구해냈는데 특별제작한 주머니를 금방 맺은 열매에 씌워서 그들의 성장을 보호해주는 기술이예요. 사과

가 성숙되면 주머니를 벗겨서 햇빛을 보게 하지요. 한동안 지나면 사과들은 빨간색, 노란색, 파란색 옷을 갈아입어요.

주머니를 벗기는 동시에 과농들은 검은 종이로 글이나 그림을 오려서 사과가 햇빛 받는 쪽에 붙여놓아요. 이렇게 40일 좌우 더 자란 후 종이를 떼면 글자나 그림이 찍힌 사과가 나타나게 되지요.

사과는 성숙되기 전 체내에 많은 엽록소를 함유하고 있어 보통 푸른색을 띠지요. 전지(剪纸)에 가려진 부분은 광합성 작용을 진행할 수 없기 때문에 원래 대로 푸른색을 띠게 되지요. 그러나 가려지지 않은 부분은 햇빛을 충족히 받아 안토시안이 증가되면서 빨간색을 띠게 되지요. '예술사과'는 이렇게 태여난 것이예요.

힘장사—종자

호기심이 많은 친구들은 아래와 같은 작은 실험을 해보기 바라요. 노란콩을 가득 담은 작은 유리병에 미지근한 물을 붓고 뚜껑을 꼭 닫아 해빛이 잘 드는 창턱에 올려놓아요. 자세히 보면 병안의 콩들이 점점 부푸는 것을 관찰할 수 있어요. 그렇게 이틀이 지나면 콩알에서 새싹이 돋아나기 시작하지요. 또 며칠 지나면 유리병이 작렬하게 되지요.

보잘것없는 종자들이 물을 흡수하고 싹을 틔우면서 그렇게 큰 힘을 산생할 수 있단 말인가요?

종자는 완강한 생명력을 갖고 있어요. 그들이 싹을 틔울 때는 활력으로 차넘치지요. 전야에 뿌려놓은 종자들은 해빛과 수분만 주어지면 땅을 뚫고 자라나지요. 가

파른 낭떠러지에 떨어져도 암석을 에둘러 돌틈을 따라 뻗으면서 큰 나무로 자라나지요. 돌틈을 비집거나 돌을 받으며 자라는 종자의 힘은 여간만이 아니예요.

종자의 싹이 트려면 우선 수분을 흡수하고 그 다음 세포가 '마술을 부리'는데 분렬현상을 두고 하는 말이예요. 말하자면 하나의 세포가 둘, 둘이 넷, 넷이 여덟개로 분렬하면서 체적이 점차 커지는 것이예요. 한알의 종자가 이럴진대 많은 종자들이 한데 모여 함께 힘을 쓰면 그 힘은 무진장하지요.

종자의 싹이 틀 때는 그 우에 얼마 만한 무게의 장애물이 지지눌러도 완강하게 지면을 뚫고 나오지요. 어떤 종자는 우선 딴딴한 종피를 터쳐야 하는데 련자나 야자씨가 여기에 속해요. 그런 다음 두터운 흙을 비집고 나오는데 때론 눌리운 돌멩이나 벽돌을 뒤집기도 하지요. 한알의 종자가 싹을 틀 때 자기 몸무게의 20만배나 되는 물건을 떠받들 수 있다고 해요.

종자를 도와 이사를 해요

가을 산책을 하면서 우리는 자주 풀밭을 거닐 때가 있어요. 그러다 산책을 마치고 나면 바지가랭이에 이상한 것들이 많이 붙어있는 것을 볼 수 있지요.

그것들은 풀씨예요. 사실 우리는 종자를 도와 이사를 해준 것이예요.

어떤 식물들은 자주 사람이나 동물들의 도움을 빌어 자기의 종자를 사방에 퍼뜨려요. 그들의 종자들은 겉에 가시털이나 갈구리가 나있지 않으면 찐득한 점액을 분비하는데 가볍게 건드려도 인차 사람들의 옷이나 동물들의 깃, 털에 묻어나지요. 사람들이 그것을 발견하고 뜯어버리는 과정이 바로 그들의 념원이 실현되는 과정이예요. 도꼬마리(蒼耳), 사장자(窈衣), 도깨비바늘(鬼针草)이 이에 속하지요.

어떤 식물들은 자기의 과실을 동물들이 찾아먹게

유인하여 종자를 전파하지요. 앵두나무가 이러하거든요. 새들은 흔히 앵두알을 통채로 삼키는데 앵두씨는 소화기관의 산성분비물에 소화되지 않아요. 이런 앵두씨가 나중에 새들의 배설물과 함께 밖으로 배출되지요. 무의식간에 새들은 앵두나무 종자의 전파를 도와 준 것이예요.

또 밤이나 잣씨와 같은 견과류 종자는 다람쥐들이 즐겨먹는 음식이예요. 그들은 다람쥐의 겨울나이 음식으로 저장되는데 어떤 것은 둥지에 저장되고 어떤 것은 땅속에 묻히게 되지요. 겨울을 나면서 어떤 것은 다람쥐들이 먹어치우게 되고 어떤 것은 잊어버리게 되지요. 이듬해 봄이 오면 이런 종자들은 싹이 트면서 묘목으로 자라나게 되지요.

이상은 식물들이 동물의 힘을 빌어 종자를 전파하는 각종 방법들이예요.

'식물대포'

어미식물들은 총명하기 그지없어요. 그들은 자기의 자식들이 더 멀리 전파되고 더 많은 령역을 차지하게 하기 위하여 늘 갖은 방법으로 자식들을 '쏘아보내'지요.

봉선화는 열매가 성숙되면 과피가 자동으로 짜개지면서 종자를 폭탄처럼 8메터 되는 곳까지 분사할수 있어요.

유럽 남부와 아프리카 북부 지구에 '포탄'을 쏘는 식물이 있는데 현지 사람들은 그 식물을 '식물대포'라 해요.

'식물대포'의 진짜 이름은 분과(喷瓜)인데 일종 초본식물이예요. 가을이 되면 유자 크기와 같은 과실을 맺는데 겉이 황금빛이고 속에는 점액과 종자가 가득 차있어요. 신기한 것은 동물들이 잘못 다쳐 떨구거나 성숙이 되여 땅에 떨어질 때면 놀랄 만한 위력을 과시하는 '포탄'으로 변하는 것이예요. "펑!"하고 '포탄'이 작렬하면서 '파편'이 사방으로 흩어지는데 종자와 점액이 10메터 밖까지 튕겨요.

　남아메리카주에서 자라는 사상나무(沙箱树)는 위력이 가장 큰 '식물대포'에요. 그들의 과실이 성숙되면 귀청이 째질 듯한 소리를 내며 폭발하는데 폭발력이 소형류탄포와 맞먹어요. 폭발할 때면 쪼각이 파편처럼 사방 흩어지는데 '사거리'가 10메터 이상이예요. 때문에 사상나무의 열매가 익을 무렵이면 절대 건드리지 말아야 할 뿐만 아니라 적어서 20메터의 거리를 두고 상거해야 비로소 안전하지요.

'황금가을의 총아'

바위 아래 늘씬하게 자란 계수나무
세 밑 홀로 향기를 풍기네.
짙푸르게 무성한 잎 사이로
촘촘한 노란꽃 눈부시게 반짝이네.

    계수나무를 노래하는 아주 이름난 시인데 우리 나라 고대 저명한 교육가 주희 (1130—1200)의 작품이예요. '바위 아래서 소슬한 가을바람을 맞으며 서있는 늘씬하게 자란 계수나무는 잎이 무성하고 노란꽃이 만발한다'는 내용이예요. 얼마나 사람을 황홀케 하는 한폭의 그림 같은 경치인가요!

    계수나무는 우리 나라에서 2,000여년의 재배력사를 가지고 있는데 중국 10대명화의 하나로 불리우지요. 계수나무에는 노란꽃을 피우는 금계(金桂), 하얀꽃을 피우는 은계(銀桂), 등황꽃을 피우는 단계(丹桂)가 있는데 각기 자기의 특색을 갖고 있어요. 꽃피는 절기에 따라 월계(月桂)와 사절계(四季桂-은계 위주)로 나누고

잎의 모양에 따라 류엽계(柳叶桂)와 대엽계(大叶桂)로 나누어요. 보통 계수나무가 꽃이 필 때는 추석 전후라 명절의 랑만적 색채를 더해주고 있어요.

가을에 들어서면 많은 식물들이 쇠패해지고 락엽이 지지만 계수나무만은 생기와 활력으로 넘쳐요. 잎은 밀랍을 발라놓은 것처럼 짙푸르게 반짝이고 잎새 사이에 피여난 금빛, 은빛 꽃송이들이 그윽한 향기를 풍겨요. 계화의 향은 널리 퍼지기로 이름나 '구리향'(九里香)이란 별칭을 가지기도 하지요. 사람들은 계화꽃을 '꽃중의 으뜸이요', '세상에 향을 다툴 꽃이 없다'고 높이 칭송하지요.

계화는 세계적으로도 영예의 상징이기도 하지요. 고대희랍 신화에서는 과학과 예술의 신 아파륭(阿帕隆)만이 사람들이 선사하는 계화를 받을 자격이 있다고 했어요. 고대 올림픽운동회에서 우승자에게 주는 최고상이 바로 감람나무가지로 엮은 화환과 계수나무가지로 묶은 '계관'(桂冠)이예요.

계화는 숭고하고 정결하며 영예와 우정 그리고 길상을 상징하지요.

어떤가요? 계화를 '황금가을의 총아'라 불러도 지나치지 않지요?

천만송이가 한떨기 꽃이예요

중양철 전후로 국화꽃 구경을 가본 적이 있는가요? 오색찬란한 국화꽃들이 다투어 피며 우아한 자태를 뽐내는데 그 모습이 눈부시도록 아름다워 어디에서부터 구경할지 모를 지경이예요.

국화꽃은 우리 나라 화초 재배력사상 가장 이른 꽃중의 하나인데 지금으로부터 3,000년 력사를 가지고 있으며 중국10대전통명화의 하나로 불리우고 있어요. 최초의 국화는 아주 수수한 노란꽃이였는데 후에 원예사들이 알뜰히 재배하여 각양각색의 진귀한 품종을 번성시켰어요. 지금의 국화꽃은 이미 산을 넘고 바다를 건너 세계의 방방곡곡에서 피여나고 있으며 세계에 이름난 꽃으로 사람들의 인기를 끌고 있어요.

어쩌다 다른 사람이 동무한테 한떨기 국화꽃은 한송이 꽃으로 이루어졌는가고 물으면 동무는 아마 어리둥절해질 수도 있어요.

그럴 경우 '꽃잎'과 '꽃술'을 몇개 뜯어 관찰해보아요. 꽃잎과 꽃술 하나하나가 개개로 완정한 작은 꽃이라는 것을 알 수 있어요. 꽃잎과 꽃술 안에 조그마한 꽃술이

있는데 호스에 씌워있는 듯하지요. 다만 둘레에 있는 꽃은 다른 꽃술보다 '혀'가 하나 더 많아 설형꽃(舌狀花)이라고 하지요. 그들은 겹겹이 중간에 밀집된 관형꽃(管狀花)을 옹위하여 자라는데 마치 두 손으로 보배를 고이 받쳐든 것 같아요. 이러한 배렬순서를 사람들은 두상화서(头狀花序)라 하지요.

그들은 왜서 단독으로 피지 않고 밀집하여 필가요? 이런 작은 꽃들이 모여 큰 꽃을 이루는 화서구조는 곤충들을 유인하고 수분을 하는 데 리롭기 때문이예요. 작은 꽃들의 기능도 서로 다른데 설형꽃은 전문 곤충들을 불러오고 관형꽃은 전문 수분을 하고 씨를 맺어요. 좋은 점이라면 자양분을 절약할 뿐만 아니라 종자의 성숙도 촉진시킬 수 있는 것이예요. 때문에 국화꽃은 비록 백화가 시든 후 뒤늦게 피지만 후대번식하는 데 아무런 지장을 받지 않아요. 이런 국화꽃이 신기하지 않은가요?

포도를 먹으면서 포도껍질을
뱉지 않아요

　　동무는 이소프우화 속의 〈여우와 포도〉를 읽은 적이 있는가요? 무더운 여름, 한 여우가 과수원에서 먹음직하게 잘 익은 포도를 발견하였어요. 여우가 세번이나 포도를 따먹으려고 우로 솟구쳤지만 끝내 따먹지 못했어요. 여우는 할 수 없이 포기하기로 했어요. 과수원을 떠나면서 '이 포도는 틀림없이 새콤할 거야!'하며 자아안위를 했어요. 자기가 얻지 못한다고 악설을 퍼붓는 여우가 가증스럽지 않은가요?

　　사실 포도는 버릴 것 없이 온몸이 보배예요.

　　가을의 포도는 얇은 과피 속에 꿀 같은 즙액을 품고 있으며 수정같이 맑고 투명하여 해빛을 받으면 눈부시게 반짝이지요.

　　과학자들은 포도즙을 '식물우유'라고 하지요. 포도는 신장염, 간염, 관절염과 빈혈환자에게 가장 좋은 과일이며 과민과 페질환을 방지하고 암세포번식을 억제하지요. 포도씨에 함유된 안토시안은 뛰어난 항산화 효과가 있는데 비타민C보다 18배나 높고 비타민E보다 50배나 높지요. 그러므로 포도씨는 항산화스타로 불리우기에 손색이 없어요. 포도껍질에 레스베라트롤(白藜芦醇)이란 천연항산화성분이 있는데 포도가 곰팡이의 침습을 막기 위해 산생하는 항독소로서 득수한 악용 및 보건효과를 갖추고 있어요. '포도를 먹으면 포도껍질을 뱉지 않고 포도를 먹지 않으면 되려 포도껍질을 뱉는다'는 잼말놀이는 로소를 분문하고 모르는 사람이 없어요.

포도는 우리가 자주 볼 수 있는 전통 길상도안(吉祥图案)이기도 하지요. 포도 한알만 심어도 나중에는 수천만의 포도가 달린다는 의미에서 '다자다복'(多子多福-자손이 번창하고 복이 많다) '일본만리'(一本万利-적은 돈으로 큰 돈을 벌다)를 상징하기 때문이예요.

땅속의 사과

동무들은 아마 프렌치프라이(薯条)와 감자칩(薯片)을 먹게 되면서 마령서(감자, 산약단)를 알게 되었을 것이예요. 푹 삶은 감자의 노란 속살의 포근함과 달콤함, 화로불에 살짝 태운 구수함, 살짝 튀겨낸 바삭감자… 너무나 인상적이지요.

감자의 고향은 페루예요. 7,000여년전, 그 곳 사람들이 제일 처음으로 감자를 재배하였어요. 지금은 세계의 거의 모든 나라에서 재배하고 있는데 더우기 빈곤지구의 주된 농작물이기도 하지요.

감자가 우리 나라로 인입되기는 300여년 밖에 되지 않지만 그 재배면적은 세계에서 2위를 차지하지요. 감자는 이미 우리 나라 5대 주식의 하나로 자리잡고 있어요.

감자는 영양이 풍부하지요. 그의 영양가치는 대체로 당근의 2배이고 배추의 3배, 도마도의 4배 정도예요. 그 속에 함유된 비타민 C와 B족 비타민은 사과의 4배 정도이며 각종 광물질함량은 사과의 몇배 혹은 몇십배에 달하지요. 그러기에 유럽사람들은 감자를 '땅속의 사과'라 부를 뿐만 아니라 '셋째 빵'이라고도 하며 주요량

식으로 간주하고 있어요.

　우리가 평시에 먹는 감자는 그 열매도 아니고 뿌리도
아닌 땅속에 묻힌 덩이줄기예요. 늦봄이나 초여름이면 감자
의 줄기 끝에서 분홍색, 하얀색, 옅은 자주색 꽃이 피여나면서 감자
이랑이 부풀어올라요. 초가을이면 이랑에 돋은 북이 갈라지는데 이것은 감자의 덩이
줄기가 땅속에서 힘을 쓰며 사람들에게 희소식을 전하고 있는 것이예요.

　한동안 저장한 감자는 일정한 조건이 구비되면 싹이 트고 그 싹 부위에 독소가
산생되지요. 사람들이 이것을 자칫 잘못 먹게 되면 메슥메슥하고 구토현상이 일어나
며 어지럽고 설사까지 동반하는데 엄중하면 생명까지 위태롭게 되지요. 때문에 싹
튼 감자는 절대 먹지 말아야 해요.

나무줄기에 '흰옷'을 입혀요

늦가을이 되면 공원이나 학교 그리고 거리에서 원예사들이 나무줄기에 '흰옷'을 입혀주는 것을 자주 볼 수 있어요. 먼저 나무줄기의 높이를 재서 표기하고 그 뒤로 한벌두벌 아주 열심히 회칠을 하지요. 날씨가 추워가는데 솜옷을 입힐 생각은 안하고 이런걸 발라서 뭘하지요?

먼저 그들이 무엇을 칠하는지 알아보자요. 그것은 석회수를 위주로 한 칠감이예요. 석회는 살균, 살충작용이 뛰여나지요. 나무줄기에 숨어 겨울나이를 준비하는 진균, 세균과 해충들은 석회수를 만나면 꼼짝 못하고 죽어버리기 때문이예요.

해충은 보통 검은색이나 더러운 곳을 즐기는데 하얀색이나 깨끗한 곳은 피해다녀요. 나무줄기에 하얀 석회수를 발라놓으면 지면이나 땅속의 해충들이 산란하러 나무줄기를 따라 기여오르지 못하지요.

나무한테 하얀 옷을 입히면 또 하나의 좋은 점이 있는데 바로 동상을 방지할 수 있는 것이예요. 비록 아주 얇은 '홑옷'이지만 하얀색이기 때문에 효과는 남달라요.

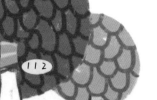

겨울이면 밤기온이 아주 낮아요. 그러나 낮이 되면 흑갈색 나무줄기가 열을 곧잘 흡수하여 온도상승속도가 빨라져요. 이렇게 추웠다 더웠다를 반복하면 나무줄기가 얼어서 갈라터지기 쉬워요. 특별히 큰 나무들은 줄기가 굵고 색갈이 짙은데다가 인성이 떨어져 더 잘 갈라터져요. 하얀 옷을 입히면 낮 동안 대부분의 해빛을 반사시키고 저녁에는 자체의 열에네르기를 보존할 수 있어요. 이렇게 낮과 밤의 온차를 평온시키면 나무줄기가 쉽게 갈라터지지 않아요.

빨간 초롱불이 가지에 주렁져요

'몸은 반들반들 동그랗고 귤도 아니요 복숭아도 아니다. 안개구름 속에서 며칠 지나면 파란옷 벗고 빨간 두루마기 갈아입는다' 이것은 무엇일가요?

답안은 감이예요. 우리 나라는 세계에서 감을 가장 일찍 그리고 가장 많이 재배하는 나라예요. 10월은 빨갛고 달콤한 감이 성숙되는 계절이예요.

감은 영양가치가 높기로 유명한데 풍부한 탄수화물, 단백질, 카로틴, 비타민C를 함유하고 있어요. 때문에 많은 꼬마들이 감을 즐겨먹지요.

"감은 왜 단맛과 떫은 맛이 있죠?" 하고 동무는 물을 수 있어요.

감이 떫은 맛이 나는 것은 과육에 '유산'("鞣酸")이란 물질이 들어있기 때문이예요. 유산이 알갱이모양일 때는 물에 용해되지 않아 혀로 감지할 수 없어요. 그러

나 유산이 물에 용채되면 혀점막의 단백질을 응고시키는데 혀에 분포된 미뢰가 인차 '떫은 맛'을 감지하게 되지요.

감은 원래부터 단감과 떫은 감으로 나눠요. 단감이 익을 때면 유산도 알갱이모양으로 되지요. 그러나 떫은 감은 익었어도 강한 '떫은 맛'이 나는데 인공으로 떫은 맛을 없애야 하지요. 가장 좋은 방법은 감을 담은 종이박스에 잘 익은 돌배(沙梨)나 사과 그리고 키위 몇알을 함께 넣어두는 것이예요. 그렇게 3~4일 지나면 떫은 맛이 없어지면서 물러지지요.

감은 비록 맛있지만 주의할 점이 따로 있어요. 공복에 감을 먹지 않으며 감껍질을 먹지 않고 고단백질함량이 많은 게, 물고기, 새우 등과 함께 먹지 않아요. 자칫 잘못하다가는 위에 '위시석'(胃柿石)이 형성되어 불편함을 느끼는데 꼭 기억해두기 바라요.

배꽃이 떨어지면 가을동산이지요

　'공융이 배를 양보'한 이야기를 기억하죠? 공융이 4살 나던 해, 그의 아버님 제자 한분이 문안을 오면서 배를 얼마간 들고 왔어요. 손님이 공융더러 배를 나눠주게 했어요. 공융은 제일 큰 것을 하나 골라 먼저 손님한데 주고 나서 큼직한 것을 두개 더 골라 엄마아빠한테 드렸어요. 그리고는 나머지에서 큰 것을 골라 형님들에게 나누어주고 나서야 제일 작은 것을 골라 자기가 가졌어요. 손님이 "왜 제일 작은 배를 네가 가졌지?" 하고 물으니 공융이 "저의 나이가 가장 작으니 제일 작은 것을 먹어야죠!" 하고 대답하였어요.

　금황색으로 살진 배는 자고로 사람들에게 인기가 좋았어요. 배의 과즙이 많기로 사람들은 '옥로'(玉露)라 칭찬했으며 맛이 달콤하다고 '밀부'(蜜父)라 했고 또 어떤 사람들은 배를 '백과지종'(百果之宗)이라 존숭했어요. 옛사람들은 '배꽃이 떨어

지면 가을동산이다’ 란 시구를 지어내기도 하였어요.

배는 맛이 좋을 뿐만 아니라 질병을 예방하고 치료하는 좋은 약이기도 하지요. 가을철에는 날씨가 건조하여 상초열이 쉽게 나서 감기나 기침을 자주 하게 되지요. 배는 침분비를 촉진하고 조열을 내리며 열을 해소하고 가래를 삭혀주지요. 사람들은 배를 즐겨 먹는 사람들이 배를 안 먹거나 적게 먹는 사람에 비해 감기에 잘 걸리지 않는다는 것을 발견하였어요. 때문에 과학자나 의사들은 배를 ‘다각도건강과일’ 혹은 ‘종합의사’ 라고 해요. 더우기 공기오염이 심할 때 배를 많이 먹어주면 호흡기계통의 기능을 개선하고 공기 속의 먼지나 연기의 피해를 받지 않도록 페를 보호해주어요.

때문에 가을철에 들어서서 하루에 배를 한두알 먹어주는 것도 괜찮은 보건방법이예요.

초가을에 감기예방을 더 잘해야 해요

초가을에 들어서면 날씨가 변덕스러워요. 날이 개이고 해가 뜨면 기온이 급속히 상승하지요. 그러다가 가을비가 내리고 나면 기온이 다시 급속히 떨어지지요. 게다가 낮기온은 의연히 높고 아침저녁과 한밤중에는 기온이 상대적으로 낮아 현저한 온도 차이를 보이고 있어요.

가을에 들어서서도 어떤 꼬마들은 여름습관 때문에 이불을 덮지 않고 자는데 엷은 타올도 걸치지 않아요. 한밤중이나 아침에 감기에 걸려도 모르고 자지요.

평시에 우리의 비강이나 구강점막 주위에는 포도상구균, 련쇄상구균과 같은 세균이 부착되여 있어요. 신체가 건강할 때는 항균영웅—백혈구가 시시각각 고도의 경각성을 보여 병균들이 제멋대로 날뛰지 못하게 하지요. 그러나 몸에 감기가 들면 사람들의 정상적인 생리기능이 파괴되면서 백혈구의 형성에 영향을 미치게 되지요. 병균이나 바이러스가 이 틈을 타서 대량 번식하면 사람들은 재채기를 하거나 기침을 깋고 지어 열이 올라요.

　감기는 보통 두가지로 나누는데 하나는 일반감기 또한 풍한이라고도 하지요. 다른 한가지는 류행성 감기인데 한가지 혹은 여러가지 바이러스로 인기된 것이예요. 많은 사람들이 감기를 소홀히 대하는데 사실 감기가 인체건강에 주는 영향은 아주 크지요. 한번의 감기라도 인체의 면역력을 많이 하강시키기 때문에 질병을 유발할 수 있어요.

　때문에 가을바람이 불기 시작하면 자기의 생활기거에 각별히 주의를 돌려야 해요. 잠들기 전에는 꼭 이불이나 타올 같은 것을 덮고 보온을 잘해야 해요. 만약 더울 것 같으면 곁에 포개놓았다가 한밤중이거나 아침새벽에 찬기운을 느끼면 제때에 끄당겨 덮어야 해요. 이렇게 하면 쉽게 감기에 걸리지 않아요.

'백가지 남새도 배추만 못해요'

상강 (霜降) 을 지나면 온 거리에 배추장사군들이 진을 치고 있는 것을 볼 수 있어요. 설사 각양각색의 하우스채소가 시중에 꼬리를 물고 나온다 해도 배추는 의연히 사람들이 즐겨찾는 채소의 한가지예요.

어느 때를 막론하고 한 가족이 둘러앉아 실고기와 당면을 두고 배추찌게를 해먹든지, 볶고 지지고 삶고 무쳐서 먹든지 배추소를 넣고 물만두를 빚어먹든지 배추는 어떻게 먹어도 질리지 않아요.

우리 나라 북방 사람들의 밥상에서는 더욱 흔히 찾아볼 수 있는데 '겨울의 배추는 죽순 만큼 맛있다' 라는 말까지 있어요.

배추는 온몸이 보배인데 썰다남은 배추겉대도 그 쓰임이 따로 있어요. 믹서기로 즙을 만든 다음 얼음사탕을 넣어 마시거나 물만두를 만들 때 밀반죽을 할 수도 있어요. 남은 찌꺼기를 얼굴에 펴바르면 해열, 해독, 소염 효과가 있는데다 부스럼치료에도 뛰여난 효과가 있어요.

배추의 겉잎을 먹고 나서 배추 속을 물에 담그고 자주 물을 갈아주면 배추 속에서 송이송이 노란꽃이 앞다투어 피여나지요. 창밖은 엄동설한이여도 실내에서는 봄기운을 만끽할 수 있어요.

배추는 값이 싸고 비타민 함량도 높은데다 운수저장하기도 편리해 백성들의 깊은 사랑을 받고 있어요. 그래서 사람들은 '백가지 남새도 배추만 못하다'고 하지요.

배추의 원산지는 중국이예요. 신석기시기의 서안 반파촌유적지에서 배추씨가 출토된 적이 있어요. 이것은 배추재배가 지금으로부터 6,000~7,000년 전부터 시작했다는 것을 설명하지요.

곰팡이 핀 사탕수수를 절대 먹지 말아요

가을철은 날씨가 건조하여 코나 목구멍에 이상을 느낄 때가 많은데 그럴 때마다 사람들은 타액분비를 촉진하고 목추김을 할 수 있는 과일을 찾게 되지요. 사탕수수가 가장 좋은 선택으로 될 수 있어요.

사탕수수는 빨래를 너는 참대나무처럼 마디로 이루어졌고 뿌리 쪽으로 가면 갈수록 마디가 촘촘하지요. 사탕수수는 한사람 키 만한데 끝부분이 가늘고 뿌리부분이 굵어요.

사탕수수를 먹는 데도 방법이 따로 있어요. 속담에 이르기를 사탕수수는 두끝이 다 달지 못하다고 했어요. 사탕수수의 뿌리 부분이 달고 끝부분은 담담하지요. 동무는 뿌리부분을 먼저 먹는가요 아니면 끝부분을 먼저 먹는가요?

먼저 한 이야기를 들어보기로 하자요. 천년전의 진조시기 고개지란 유명한 화가가 있었어요. 그는 사탕수수를 무척 좋아했어요. 매번 사탕수수를 먹을 때마다 항상 끝부분부터 뿌리 쪽으로 가면서 먹었어요. 이것은 보통 사람들이 먹는 법과 상반대였어요. 어떤 사람이 이상해서 물었더니 고개지가 "이렇게 먹어야 전입가경(漸至

佳境)이 아닌가?" 하고 대답하였다고 해요. 여기서 말하는 '전입가경'은 '점점 맛이 난다'는 뜻이예요. 말하자면 도리는 간단하지요. 만약 뿌리부분부터 먹는다면 점점 가면서 맛이 담담해지니 끝마디부분을 늘 버리기 일쑤이지요. 그러나 끝부분부터 먹으면 점점 단맛이 짙어지므로 뒤맛이 은은한 것이예요.

　사탕수수를 먹을 때 각별히 조심해야 할 것이 있는데 바로 곰팡이 핀 사탕수수는 절대 먹지 말아야 해요. 곰팡이 핀 사탕수수의 속살은 분홍색 혹은 흑갈색을 띠지요. 맛이라면 시쿨하고 재강냄새가 나는데 잘못 먹으면 중독되어 질병에 걸릴 위험이 있으니 꼭 조심해야 해요.

'가을에는 비게살을 붙여요'

　　립하에 저울을 걸어놓고 몸무게 다는 풍습은 기억하고 있겠죠? 립하에 몸무게를 달았다가 립추에 가서 체중이 올랐는지 내렸는지 확인한다는 말이예요. 보편적으로 여름에는 날씨가 더워 입맛이 떨어지는데 무엇을 먹어도 맛이 없어요. 게다가 낮이 길고 밤이 짧아 수면이 부족한데다가 땀을 많이 흘려 쉽게 여위게 되지요.

　　가을이 지나고 나면 인차 겨울이 시작되는데 동물들은 무난히 겨울나이를 하기 위해 가을철에 지방을 저축하고 에네르기를 축적하지요. 때문에 사람들은 가을철에 육류를 많이 먹고 몸을 살지우는데 역시 자연법칙에 순응하는 일종 본능적인 행위이지요.

　　'가을에 비게살을 붙인다'는 것은 립추에 고기를 많이 먹고 보신을 한다는 뜻이예요. 보통 백성들 집에서는 고기를 고아먹는데 넉넉한 집에서는 고기를 삶기도 하

고 찌기도 하며 육소만두를 빚거나 닭백숙, 오리백숙 등 고기채소를 만들어먹기도 하지요. '가을에 비게살을 붙이다'라는 것은 가을철에 몸보신을 잘하라는 귀띔이기도 하지요.

그러나 지금은 시대가 많은 발전을 가져왔어요. 우리들의 생활수준은 지난날에 비해 천지개벽의 변화를 가져왔어요. 우리에게 보편적으로 존재하는 문제라면 에네르기 부족이 아니라 과잉이예요. 때문에 우리가 걱정해야 할 일은 물고기, 새우, 육류, 알류의 과잉섭취이지 부족이 아니예요. 대다수 사람들은 여윔이 아닌 과체중이예요. 때문에 합리하게 음식을 섭취하면서 곡류, 감자류, 콩류를 많이 먹고 우유제품, 채소, 과일, 물고기, 새우, 육류, 알류는 적당히 먹어야 해요.

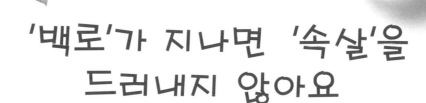

'백로'가 지나면 '속살'을
드러내지 않아요

　　백로는 처서이후의 또 다른 절기예요. 이 날이 오면 사람들은 무더운 여름이 지나고 서늘한 가을이 다가왔음을 절실히 느끼게 되지요. 비록 낮기온은 30℃ 좌우를 웃돌지만 밤이 되면 어김없이 20℃ 좌우로 하강하는데 낮밤의 온도차가 무려 10℃나 되지요.

　　늦은 밤, 공기 속의 수증기가 찬기운을 만나 하얀 물방울로 응결되면서 풀잎이나 나무잎 그리고 꽃잎에 촘촘히 맺히게 되지요. 더우기 아침 해살을 받고 나면 더없이 투명하게 밝고 티없이 깨끗하여 '백로'라는 미명을 갖게 되었어요.

속담에 이르기를 '초서에는 18소래지만, 백로에는 속살을 드러내지 않는다' 는 말이 있다. 뜻인즉 초서에는 그래도 더우니 매일 한 소래씩 물로 목욕을 하지만 18일이 지나 백로가 되면 감기에 걸리기 쉬우니 알몸을 드러내지 말라는 것이다. 저녁에 잠을 잘 때도 이불로 배를 잘 덮고, 한기가 배꼽을 통해 체내로 침습하여 위장병을 유발하지 않도록 조심해야 한다. 이 밖에 '한기는 발로 침습하고 열기는 머리에서 흩어진다' 고 백로가 되면 발 건사를 잘하되 땀을 잘 흡수하고 편안한 양말을 신어야 한다.

백로가 다가왔어도 이 때는 역시 봄처럼 화목이 무성할 뿐만 아니라 어떤 꽃들은 색갈이 봄보다도 산뜻하다. 백로는 하늘이 높고 공기가 맑은, 한해에 가장 쾌적한 시절이기에 사람들은 외출을 즐기게 된다. 그럴 때면 사람들은 자주 기침을 하든가 재채기를 하는 감기 증상이 나타나는데 사실은 화분 알레르기이다. 때문에 우리는 각별히 조심해야 한다.

시사

국화를 노래한다

9월에 중양이 다가와 (待到秋来九月八),

내가 꽃을 피우니 백화들이 수줍어 시드네 (我花开后百花杀).

장안성에 향기가 충천하오며 (冲天香阵透长安),

온 성에 황금빛이 눈부시구나 (满城尽带黄金甲).

황소 (黄巢) 는 슬기로울 뿐만 아니라 포부가 원대한 사람이었다. 어느 해 황소가 진사 급제를 하고 나라에 충성할 꿈을 안고 장안성에 응시를 갔었다. 그러나 그 때는 조정이 부패하고 응시장에는 부정부패가 심했었다. 아무런 배경이 없는 황소는 락방을 하게 되였다.

황소는 현실에 한이 북받쳤다. 어느 날, 그가 국화밭을 지나게 되였는데 어려서부터 국화꽃을 무척 좋아했던 터라 자기도 모르게 그 쪽으로 발길을 돌렸다. 유감스럽게도 온 국화밭이 록음이 여전하고 꽃 한송이 피지 않아 구경꾼 하나없이 썰렁했다.

　황소는 눈앞의 광경을 보고 감회가 서서히 괴여올랐다. '국화도 구경하는 사람 없고 자신도 버려진 신세가 아닌가'. 그러나 국화꽃은 화기 전이 아닌가! 가을이 다가와서 백화가 시들면 국화가 만발할 수 있지 않은가. 그 때가 되면 온 장안성이 황금 국화로 만발하고 그윽한 향기가 천만리 풍겨갈 것이느라.

　황소는 생각하면 할수록 흥분을 참을 길 없어 국원의 담에다 〈부국〉(賦菊―국화를 노래한다)이란 시를 남겼다.

　몇년이 지나 황소는 농민봉기군을 거느리고 장안을 점령하였다. 881년 1월 16일, 황소는 임금의 자리에 오르면서 국호를 '대제'로 정하였다.

나무잎그림

가을의 나무잎은 다채롭고 천태만상이여서 우리들에게 짙은 감회를 가져다 준다. 나무잎그림 붙이기는 우리들로 하여금 대자연 속에서 상상력을 한껏 펼치게 할 수 있을 뿐만 아니라 또한 우리들의 회화능력과 조작능력을 제고시킬 수 있다.

그럼 나무잎그림은 어떻게 붙일가요?

먼저 공원이나 야외에 가서 여러가지 색갈이나 모양의 나무잎을 주어다 책갈피에 간직해둔다. 될수록 잎편이 반반한 오동나무잎, 단풍잎, 은행나무잎, 측백나무잎을 골라야 한다. 그림선분을 붙이는데 필수적인 솔잎이 빠져서도 안된다.

그림을 붙이기 전 먼저 나무잎이나 각종 동물의 형태를 그려내여 적합한 도안을 선택해야 한다. 그림의 우렬은 나무잎의 모양과 색갈의 선택과 조합에 달려있다. 크기와 색갈이 다른, 같은 종류의 나무잎으로도 다양한 내용의 그림을 붙여낼 수 있다.

먼저 필요한 나무잎을 집게로 집어서 가볍게 초벌 그림 우에 올려 놓는다. 도안 배치가 완료되면 차례로 나무잎 뒤면에 풀을 칠하고 예정된 자리에 부착시키면 된다.

　　그림 붙이기를 할 때는 량호한 위생습관과 가위 사용습관을 가져야 한다. 나무잎 그림이 완공되면 반반하고 무게가 있는 물건으로 그림을 눌러 놓아야 하는데 절대 해빛 아래에 직접 말려서는 안된다.

　　나무잎그림을 붙이면서 우리는 수시로 무슨 나무잎은 어떤 모양이고 어느 과에 속하는지를 기억해두어야 한다. 이 과정을 통해 우리들의 지식 범위를 넓히고 상상력과 창조력을 풍부히 해야 한다.

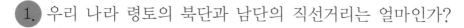

1. 우리 나라 령토의 북단과 남단의 직선거리는 얼마인가?

   A. 5000km   B. 5500km   C. 6000km

   답: B

2. 우리 나라 교사절은 어느 날인가?

   A. 9월 10일   B. 10월 1일   C. 10월 9일

   답: A

3. 중양절을 또 무엇이라 부르는가?

   A. 련인절   B. 추석   C. 로인절

   답: C

4. '세계 동물의 날'은 매년의 어느 날인가?

   A. 9월 4일   B. 10월 4일   C. 11월 4일

   답: B

5. 제1기 '세계 량식의 날'은 어느 해에 열렸는가?

   A. 1979년   B. 1981년   C. 2000년

   답: B

6. '가을호랑이' 는 무엇을 가리키는가?

   A. 동북호랑이

   B. 추후의 고온 날씨

   C. 화남호랑이

   답: B

7. 서리는 하늘에서 내리는가?

   A. 그렇다   B. 그렇지 않다

   답: B

8. 가을밤, 하늘에 가장 밝은 별의 이름은

   A. 견우성   B. 직녀성

   C. 북두성

   답: B

9. 귀뚜라미는 무엇을 통해 소리를 내는가?

   A. 입   B. 날개   C. 다리

   답: B

133

10. 지렁이는 노래를 부를 줄 아는가?

    A. 부를 줄 안다

    B. 부를 줄 모른다

    답: B

11. 기러기는 하늘에 무슨 글을 쓰며 나는가?

    A. 천(天)   B. 인(人)   C. 일(一)

    답: B C

12. 해파리는 어떠한 특수한 재간이 있는가?

    A. 고기를 잡아먹는다

    B. 풀을 먹는다

    C. 아음파를 감지한다

    답: C

13. 다람쥐는 동면을 하는가?

    A. 한다   B. 안한다

    답: B

14. 랭혈동물을 또 어떻게 부르는가?

　　A. 항온동물　　　　　B. 변온동물

　　답: B

15. 늦가을이 되면 개구리들은 어디로 사라지는가?

　　A. 물속　　　　　　　B. 나무우　　　　　C. 땅속

　　답: C

16. 참대곰은 무엇을 즐겨먹는가?

　　A. 과일　　　　　　　B. 대나무　　　　　C. 나무잎

　　답: B

17. 종자의 전파에는 어떤 방법들이 있는가?

　　A. 물 전파　　　　　B. 바람 전파　　　C. 동물 전파

　　답: A B C

18. 국화 한송이가 한떨기 꽃인가?

　　A. 그렇다　　　　　　B. 그렇지 않다

　　답: B

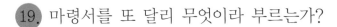

19. 마령서를 또 달리 무엇이라 부르는가?

    A. 산우

    B. 산약단

    C. 감자

    답: B C

20. 씨앗이 싹 트면서 작은 돌덩이를 밀어낼 수 있는가?

    A. 있다

    B. 없다

    답: A

21. 포도씨는 먹을 수 있는가?

    A. 없다

    B. 있다

    답: B

22. 나무 줄기에 왜 석회수를 칠하는가?

    A. 아름답게 하기 위하여

B. 충해를 방지하기 위하여

C. 동상을 방지하기 위하여

답: B C

23. 곰팡이 핀 사탕수수를 먹을 수 있는가?

A. 있다

B. 없다

답: B